DR. ROBERT HOFRICHTER, geboren 1957, ist Zoologe, Biologe, Naturschützer, Journalist und Naturfotograf. Seit mehr als 30 Jahren ist er als Dozent an, auf und in den Meeren dieser Welt unterwegs. Robert Hofrichter ist Präsident der Meeresschutzorganisation MareMundi.

Außerdem von Robert Hofrichter bei Penguin lieferbar:

Das geheimnisvolle Leben der Pilze. Die faszinierenden Wunder einer verborgenen Welt

Besuchen Sie uns auf www.penguin-verlag.de und Facebook.

Robert Hofrichter

Die geheimnisvolle Welt der Meere

Eine Reise ins Reich der Tiefe

PENGUIN VERLAG

Dieses Buch ist 2018 unter dem Titel
»Im Bann des Ozeans. Expeditionen in die Wunderwelt der Tiefe«
als Hardcover im Gütersloher Verlagshaus erschienen.

Sollte diese Publikation Links auf Webseiten Dritter enthalten, so übernehmen wir für deren Inhalte keine Haftung, da wir uns diese nicht zu eigen machen, sondern lediglich auf deren Stand zum Zeitpunkt der Erstveröffentlichung verweisen.

FSC® www.fsc.org
MIX
Papier aus verantwortungsvollen Quellen
FSC® C014496

Verlagsgruppe Random House FSC® N001967

PENGUIN VERLAG

2. Auflage 2019

Covergestaltung: Hafen Werbeagentur, Hamburg
Covermotiv: © Grafner / GettyImages
Druck und Bindung: GGP Media GmbH, Pößneck
Printed in Germany
ISBN 978-3-328-10430-8
www.penguin-verlag.de

Dieses Buch ist auch als E-Book erhältlich.

Das Meer überlebt uns,
das Meer überlebt unsere Kinder und deren Kinder,
und in all seine Tiefen
sind wir noch immer nicht vorgedrungen,
wo die Welt so düster ist wie das All.
Wo vielleicht nicht nur Krill,
sondern doch noch der Leviathan wohnt
oder der Riesenkrake,
und all das jagt einem diesen Schauer
über den Rücken.

David Hugendick: Wasser kommt, Wasser geht.

Für meine Freunde und Mitstreiter
von der Meeresschutzorganisation
MareMundi, die versuchen, die größten
Probleme der Gegenwart (= der Ozeane)
der Öffentlichkeit leicht verständlich
zugänglich zu machen, die Ursachen dieser
negativen Entwicklungen aufzuzeigen
und Wege zu finden, durch die wir den
ökologischen Niedergang des Planeten
zumindest verlangsamen können.

INHALT

Regelmäßig fragt man mich, warum ein Mitteleuropäer, der 60 Kilometer von Wien entfernt das Licht der Welt erblickt hat, ausgerechnet Meeresbiologe geworden ist. Nun: Erstens ist meine Heimat, was viele nicht wissen, schon seit langem ein Hotspot der Meereskunde und zweitens bin ich bereits in der frühen Kindheit dem Bann des Ozeans verfallen.

Österreich-Ungarn war gegen Ende des 19. Jahrhunderts eine bedeutende europäische Macht, die nahezu die gesamte östliche Adria kontrollierte. Für die frühen Ozeanographen und Meeresbiologen des gesamten deutschsprachigen Raums war das ein Glücksfall. Inspiriert von Reiseberichten der Romantiker wollte jeder, der es sich nur irgendwie einrichten konnte, ans Mittelmeer, das für Liebhaber des Meeres zu so etwas wie einem Elysium, der »Insel der Seligen« aus der griechischen Mythologie, wurde. Wien war die Metropole, in der gesammelt wurde, was Naturentdecker und -forscher auf ihren Reisen fanden. Hier wurde 1865 das Naturwissenschaftliche Hofmuseum eröffnet, aus dem mit 30 Millionen Sammlungsobjekten heute eines der bedeutendsten Naturmuseen der Welt hervorgegangen ist.

Direktor dieses Museums war von 1889 bis 1919 Franz Steindachner, einer der berühmtesten Ichthyologen und Zoologen seiner Zeit. Er machte Wien zu einem frühen Zentrum erster ozeanografischer Forschung und ehrfürchtig durfte ich noch einige von ihm persönlich konservierten Fische studieren. Zeitgleich schossen an der Adria und in anderen Regionen des Mittelmeeres meeresbiologische Stationen aus dem Boden wie Pilze nach dem Regen, wobei viel Forschungsmaterial auch auf den Fischmärkten dieser Zeit eingesammelt werden konnte.

So wurde eine Tradition grundgelegt, die in Österreich von Generation zu Generation weitergegeben wurde, und die Begeisterung des Anfangs ist bis heute nicht erloschen.

Einer jener Meeresforscher, die mich – auch in der persönlichen Begegnung – stark geprägt haben, kam dann auch aus Wien: Hans Hass. Kaum jemand, vielleicht mit Ausnahme von Jacques Cousteau, entfaltete eine solche Breitenwirkung, motivierte Zehntausende junge Neptunjünger dazu, mit abenteuerlichen Geräten und halbwegs wasserdichten Kameras in die Fluten zu steigen, um von den Wundern der Unterwasserwelt zu berichten.

Sie sehen, meine Heimat war nie weit vom Meer entfernt und ein Mekka der Meeresforschung obendrein.

Dazu kommt, dass mich persönlich der Ozean einfach gefangen nahm, als ich ihm zum ersten Mal begegnete. Nach ersten »Gehversuchen« 1964 im Schwarzen Meer verbrachte ich 1967 zwei Wochen bei Rovinj an der istrischen Küste. Von diesem Augenblick an war ich wohl mehr unter Wasser als an Land anzutreffen. Mir schien es, als hätte ich das Paradies gefunden. Umso stärker berührte mich, wie sich das Mittelmeer in den folgenden Jahren veränderte und mein Wunsch, das Meer zum Thema meines Lebens zu machen, wuchs. Diese Entscheidungen der Jugend habe ich nie bereut.

Heute empfinde ich es als eine wunderbare Aufgabe, mit mehr oder weniger wissenshungrigen Schülern die Küsten und die Unterwasserwelt zu erkunden. Doch zweifellos leben wir in einer anderen Ära als meine frühen Kollegen in der »guten alten Zeit« und ich selbst vor 50 Jahren. Auch heute kann man noch Neues entdecken, doch wesentlicher ist es jetzt zu bewahren, was vom Meer und Küsten noch zu bewahren ist.

Entscheidend ist: Das Feuer der Begeisterung für das Meer brennt nach wie vor. Darum möchte ich Sie in diesem Buch mitnehmen in die endlosen Weiten der Ozeane und in die geheimnisvolle Welt unter Wasser. Nichts auf dieser Erde wäre ohne das Meer denk- und vorstellbar, nichts würde in den globalen Abläufen funktionieren. Ohne das Meer gäbe es nur einen Bruchteil der Vielfalt des Lebens, wenn es denn das Leben überhaupt gäbe. So hoffe ich, Sie in diesem Buch mit meiner Begeisterung anzustecken und Sie zu Verbündeten zu machen, wenn es um den Schutz des Meeres und seines Wassers geht, dem alles Leben entstammt.

Ihr Robert Hofrichter
Salzburg im Dezember 2017

AUS POSEIDONS LESEBUCH

Unerschöpflich sind die Geschichten der Meere

*Es gibt keine richtige Art,
die Natur zu sehen.
Es gibt hundert.*

Kurt Tucholsky

Das Meer ist eine unerschöpfliche Quelle von Geschichten! Eine spannender als die andere! Wo also beginnen? Lassen Sie uns die Geburt des Ozeans unter die Lupe nehmen wie auch das ewige Auf und Ab des Meeresspiegels, die Puzzlespiele der Tektonik und die Beulen, die der Ozean hat. Stellen Sie sich mit mir den Drei Schwestern, den Kaventsmännern und anderen Monsterwellen, die selbst alten Fahrensleuten Schauer des Schreckens über den Rücken jagen. Hören Sie, dass Wasser nicht blau ist, und wenden Sie sich mit mir der Entstehung und Entfaltung des Lebens zu, wie es im Meer begonnen hat. Begegnen Sie der Vielfalt der marinen Arten und der endlosen Palette von Geschlechtermodellen und Spielereien der Fortpflanzung, die im nassen Element erfunden wurden und wenig mit dem »Papa-Mama-Kind-Modell« zu tun haben. Lassen Sie sich von Freundschaft, Kooperation und Symbiose der Lebewesen in der See begeistern und erfahren Sie, dass wir diesen Phänomenen das größte Bauwerk der Welt verdanken. Und rechnen Sie mit Nervenkitzel, wenn ich Ihnen die giftigen Kreaturen der Meere vorstelle und Sie mitnehme in die Frühzeit der Erdgeschichte, um Neptuns furchteinflößendste Kreaturen kennenzulernen, die Schrecken der Meere aus den letzten 400 Millionen Jahren.

Befürchten müssen Sie bei all dem natürlich, dass Sie manches liebgewonnene Klischee und einige Vorurteile werden aufgeben müssen: Delfine sind nicht in dem (vermenschlichten) Sinn gut wie Haie böse sein sollen. Von den etwa 530 heute lebenden Haiarten werden nur eine Handvoll dem Menschen potenziell gefährlich und durch einen Haibiss zu sterben, gehört zu den unwahrscheinlichsten Todesursachen auf diesem Planeten. Eher werden Sie von einem Hund zerfleischt oder von einer Kuh niedergetrampelt.

Nahebringen möchte ich Ihnen auch die faszinierende Geschichte der Beziehung unserer eigenen Art zum Ozean. Wir werden erfahren, dass unsere Vorfahren ausgesprochene Gourmets waren mit Vorliebe für Frutti di Mare. Und bei den Neandertalern stand auch schon mal ein Delfin- oder Mönchsrobbensteak auf dem Speiseplan.

Und wir werden sehen, dass wir das Meer brauchen, dieses uns aber nicht. Als menschliche Spezies sind wir dem Ozean völlig egal. Es hat in der Erdgeschichte schon zahlreiche Spezies kommen und gehen sehen, und auch wenn wir ihm gerade sehr zusetzen, werden wir eher uns selbst als das Meer vernichten.

Die Vielfalt des Lebens entstammt dem Meer

Biologen heben die Bedeutung des Wassers für das Wunder des Lebens hervor: Nach der Formung der Erde vor rund 4,6 Milliarden Jahren bot die Oberfläche des neuen Himmelskörpers noch ein höllisches Spektakel. Von einem »friedlichen« Blauen Planeten konnte damals noch keine Rede sein. Ein ständiges Bombardement von Meteoriten und die große Hitze ließen eventuell vorhandenes Wasser sofort verdampfen. Doch heute gehen immer mehr Wissenschaftler davon aus, dass eben diese Geschosse aus dem All auch gefrorenes Wasser mit auf die Erde brachten, einen Teil des Materials, das die künftigen Weltmeere bildete. Erdgeschichtlich gesehen relativ »bald« muss sich der Urozean des Archaikums geformt haben, denn in seinen Tiefen entstand allmählich etwas Neues, eine neue Entität, die wir »Leben« nennen. Nach heutigem Wissen sind die ersten fossilen Zeugen dieser geheimnisvollen Daseinsform der Materie fadenförmige Zellen, die man vermutlich den Cyanobakterien (im Volksmund »Blaualgen«) zuordnen muss. Man fand sie in Kieselgesteinen Westaustraliens.

Wie allmählich und zugleich rasend schnell die Entwicklung des Lebens sich vollzog und wie spät wir Menschen darin vorkommen, zeigt sich, wenn wir die bisher vergangenen Äonen, die Erdzeitalter, seit der Formung der Erde auf einen einzigen Tag zusammenschrumpfen lassen, der um Mitternacht beginnt. Die ersten einfachen Lebensformen erscheinen bereits morgens um viertel vor sechs. Erst gegen halb zehn abends folgen die Fische und eine Sekunde vor Mitternacht der Mensch. Der Anfang dieser Entwicklung liegt im Ozean und bei allen Diskussionen und Unsicherheiten erscheint es heute am wahrscheinlichsten, dass sich das Leben in seinen Tiefen rund um die *Hot Vents*, um heiße Quellen in der Tiefsee formte. Und dort gelang diesem ersten Leben etwas, das alles andere erst möglich machte: Vor etwa 2,5 Milliarden Jahren begannen die Cyanobakterien des Urozeans damit, Oxygen als Abfallprodukt in die damals noch sauerstofflose Atmosphäre freizusetzen. Aus dem lebensfeindlichen Gasgemisch der Atmosphäre wurde die Luft, die das Leben atmet. Und noch heute ist es das Phytoplankton der Ozeane, das der Welt die Luft zum Atmen gibt. Winzige, oft einzellige Organismen, sogenannte Mikroalgen aus verschiedenen Verwandtschaftsgruppen, die zu Myriaden im Meer mit der Strömung treiben und Fotosynthese betreiben. Nebenbei produzieren sie jährlich einen Teil der 105 bis 115 Milliarden Tonnen Biomasse im Ozean – die Grundlage sämtlicher mariner Nahrungsnetze. Die sprichwörtliche grüne Lunge unseres Planeten ist eigentlich eine blaue!

Ein Versuch, die Artenvielfalt zu fassen: die Volkszählung im Ozean

Was mit Einzellern in der Tiefsee begann, gestaltete sich zu einer unübersehbaren Vielfalt des Lebens. Deutlich wird das an einer – auf den ersten Blick – wenig attraktiven, aber umso bedeutenderen Tiergruppe: Die Fadenwürmer oder Nematoden sehen wirklich nicht spektakulär aus. Aber sie halten, was ihr Name verspricht: Sie ähneln einem winzigen, dünnen Faden. Erst im Mikroskop werden einige anatomische Details sichtbar, dennoch bleibt es selbst für die besten Experten der Welt ein Geduldsspiel, einen solchen Wurm zu bestimmen. Allein aus dem Mittelmeer sind mehr als 700 Arten beschrieben, weltweit sind es an die 30.000. Und das sind nur die validen Arten, wie Zoologen sagen, also diejenigen, die bei Biologen als solche akzeptiert sind. Nun kommen aber Schätzungen ins Spiel, denn lange nicht jeder Nematode wurde auch schon wissenschaftlich erfasst: Einige meinen, dass es mindestens eine Million Spezies Fadenwürmer geben müsste, andere schätzen ihre Artenzahl auf zehn Millionen, während vereinzelt sogar 100 Millionen genannt werden!

Diese letzte Zahl ist wohl weit übertrieben, verdeutlicht aber das Dilemma bei den Bemühungen, die Artenvielfalt zu quantifizieren. Die Meeresbiologen störte die Ungewissheit, und sie beschlossen, im Rahmen des sogenannten *Census of marine life* eine »Volkszählung der Ozeane« durchzuführen. All die Fadenwürmer zu zählen – wahrlich keine leichte Aufgabe für die mehr als 2.700 Experten aus über 80 Ländern. Derzeit liegt die tatsächlich ermittelte Artenzahl in den Ozeanen (die Mikroorganismen nicht mit eingerechnet) bei etwa einer viertel Million. Das hört sich erst einmal nach nicht besonders viel an, vergleicht man diese Zahl mit den vielen Millionen biologischen Spezies, von denen man hört, wenn es um das Leben an Land geht. Doch kommen diese Zahlen durch die Insekten, insbesondere die Käfer zustande. Von ihnen gibt es in den Regenwäldern eine schier unüberschaubare Zahl, die man nur schätzen kann. Erst wenn man diese Insekten von der Bilanz abzieht, bekommen wir eine solide Vorstellung von den Relationen der Artenvielfalt auf unserem Planeten. Und dann wird auch deutlich, dass die Artenzahlen im Meer enorm sind. Mindestens 750.000 weitere Spezies halten die Wissenschaftler in den Weltmeeren für realistisch, und manche Schätzungen gehen von mehr als der doppelten Anzahl aus. Und darin sind die Mikroorganismen noch nicht berücksichtigt, von denen es auch an die eine Million Arten geben könnte.

Biodiversitäts-Wettbewerb: Korallenriff versus Regenwald

Betrachtet man nun nicht die Artenvielfalt des Meeres, sondern die Zahl der im Meer lebenden großen Tiergruppen, der Tierstämme, wird noch einmal die beeindruckende Biodiversität der Ozeane deutlich, die Vielfalt der in ihnen beheimateten Lebensformen. Sie entsprechen den großen Entwicklungslinien der Evolution. Da gibt es die Schwämme, Nesseltiere, Gliederfüßer, die Weichtiere, Stachelhäuter und die Wirbeltiere sowie all die anderen. Derzeit unterscheiden Zoologen etwa 30 (Tier)Stämme und die allermeisten von ihnen sind entweder ausschließlich oder überwiegend marin.

Wie großartig diese Vielfalt ist, werden alle bestätigen, die schon einmal in den Hotspots der Weltmeere im australasiatischen Raum (etwa rund um Neuguinea) schnorcheln oder tauchen waren und vielleicht auch schon einmal einen Regenwald besucht haben: Ein Regenwald ist eine grüne Hölle, in der man oft tagelang nur wenige größere Tiere erblickt. Ein Teil der Vielfalt versteckt sich hier mehr als 40 Meter hoch in den Baumkronen – über 1.000 Käferarten etwa auf einer einzigen Baumart. Den Gesang der Vögel hört man zwar in der Morgen- und Abenddämmerung, doch bekommt man sie selten zu Gesicht. Die Biodiversität des Dschungels ist großartig, aber verborgen, die des Korallenriffs jedoch liegt offen vor Augen. Auf jedem Quadratmeter finden wir ein Sammelsurium an Farben und Formen, wie man es sich bunter und fantasievoller nicht ausmalen könnte. Selbst ein Tauchgang auf bloß einem Quadratmeter wäre nie langweilig. Die Schönheit und Vielfalt dieser Riffe ist unbeschreiblich. Die Rifffische hätte ein surrealistischer Künstler wie Salvator Dalí nicht fantasievoller entwerfen können. Suchen Sie im Internet nach einem Bild des Picasso-Drückerfisches, und Sie werden mir zustimmen! Und jede der anderen 2.500 Fischarten in diesen Riffen, die höchste Vielfalt weltweit, ist nicht minder besonders. Im Korallenriff muss man die Biodiversität nicht suchen. Sie sticht ins Auge wie nirgendwo sonst auf der Erde.

Die Diversität der Sexualität

Diese Biodiversität muss sich erhalten und vermehren, und so ist auch die Sexualität unter Wasser voller Überraschungen und von faszinierender Vielfalt. Mit menschlich-idealisierten Vorstellungen von intakten Familien und festgelegten Geschlechterrollen kommt man in den endlosen und größtenteils stockfinsteren Weiten des Ozeans nicht weit. Da braucht es eine viel buntere Palette an Strategien, um einen Partner oder eine Partnerin oder was auch immer zu finden.

Interessant ist dabei der sogenannte Sexualdimorphismus: Die beiden Geschlechter einer Art können völlig unterschiedliche Größe und Gestalt haben. Nehmen wir den Löcherkraken (*Tremoctopus violaceus*) als Beispiel, einen Kopffüßer, der in größeren Tiefen lebt und auch im Mittelmeer vorkommt. Der Sexualdimorphismus erreicht bei ihm ungeahnte Dimensionen: Weibchen werden 40.000-mal schwerer als ihre männlichen Partner, die gerade so winzig sind wie die Pupille des Weibchens. Damit zählt dieser Oktopus in dieser Hinsicht zu den Rekordhaltern im Tierreich. Man muss schon Mut haben, um als drei Zentimeter langes und bloß ein viertel Gramm wiegendes Männlein einem zwei Meter langen und zehn Kilogramm schweren Weibchen entgegenzutreten.

Und auch andere Oktopusse – sie haben bekanntlich acht Arme – haben ziemlich verblüffende Sexualpraktiken entwickelt. Einer dieser Arme ist bei den Männchen speziell angepasst und wird zum Begattungsorgan; er dient der Übertragung der Samenpakete in die Mantelhöhle des Weibchens. Zoologen nennen diesen Arm Hectocotylus. Doch einige Kopffüßer treiben es mit ihm wirklich auf sehr besondere Weise: Bei ihnen löst sich die Spitze des samengefüllten Begattungsarms vom männlichen

Tier und schwimmt selbständig zum Weibchen, um die Eier zu befruchten. Hier ist sozusagen eine »autonome Befruchtungseinheit« am Werk. Das Männchen – nun ohne seinen Hectocotylus – hat damit seine Aufgabe erfüllt und stirbt bald.

Der abgetrennte und selbständig agierende Hectocotylus ist unter Meeresbiologen eine Legende. Bereits dem Vater der Biologie, Aristoteles, ist dieser Sachverhalt aufgefallen, doch seine Beobachtung ist im Laufe der Zeit in Vergessenheit geraten. An die 2.000 Jahre später hat der große Naturwissenschaftler Georges Cuvier diesen kleinen »Wurm« für einen Parasiten am Weibchen gehalten und ihn Hectocotylus getauft. Es hat noch eine Weile gedauert, bis man dem tatsächlichen Hintergrund dieses skurrilen Vorgangs auf die Spur gekommen ist.

Zwergmännchen, deren Lebenszweck auf ein Minimum reduziert ist, kommen bei Meerestieren öfters vor. So etwa beim Igelwurm *Bonellia viridis*. Auch ihn finden wir im Mittelmeer. Während die dunkelgrünen Weibchen 30 Zentimeter Rumpflänge erreichen, bleiben die Männchen bloß zwei Millimeter lang. Sie sehen völlig anders als ihre Frauen aus, weswegen man sie lange Zeit für parasitische Plattwürmer hielt. Ein eigenständiges Leben gibt es für die *Bonellia*-Männer nicht. Sie existieren die ganze Zeit über im Uterus der Weibchen.

Die sexuell noch undifferenzierten Larven von *Bonellia* treiben im Plankton, und wenn sie länger auf kein Weibchen treffen, werden sie selbst zu Weibchen. Hingegen kann ein von Weibchen produziertes Pheromon sie bei näherer Begegnung dazu veranlassen, zu Zwergmännchen zu werden. Das äußerst komplizierte und schwer zu durchschauende Geschehen wird immer noch intensiv studiert, scheint aber effizient: Bis zu 85 Männchen fand man bereits in einem einzigen Weibchen. Da bekommt der Begriff Polyandrie (Vielmännerei) eine ganz neue Bedeutung.

Doch betreibt der Igelwurm unter Meerestieren noch lange nicht die extremste Art der Reproduktion. Bei mehreren Gruppen kommt die »traumatische Insemination« vor. Die Bezeichnung macht schon klar, dass es hier nicht um den Austausch von Zärtlichkeiten geht. Bei der traumatischen Insemination führen die Männchen ihren Penis nicht in eine Körperöffnung des Weibchens ein, obwohl eine solche vorhanden sein kann, sondern durchbohren die Haut der »Partnerin«, um den Samen einzubringen.

So machen es z.B. die wunderschönen, bunten Strudelwürmer, die zudem auch noch zwittrig sind. Manche Arten kennen ein »Penisfechten«, bei dem die Partner (die jeweils beide Geschlechter haben) zunächst einen heftigen Kampf austragen, wobei dieser dadurch besonders heldenhaft wird, dass beide gleich zwei Penisse haben. Der »Sieger« führt die traumatische Insemination durch und wird damit sozusagen zum Männchen, der befruchtete Strudelwurm hingegen übernimmt die langwierige Rolle der künftigen Mutter, welche die Eier in ihrem Körper heranreifen lässt. Der »Macho« und Sieger des Fechtduells aber bleibt frei »wie ein Fisch im Wasser« und kann sich einem weiteren zwittrigen Artgenossen zuwenden. Ähnliches ist auch bei marinen Nacktschnecken und zahlreichen weiteren Wirbellosen zu finden.

Und überhaupt: Um sich die hoffnungslos erscheinende Suche nach dem Geschlechtspartner in den Weiten der Ozeane (die sprichwörtliche Suche nach der Nadel im Heuhaufen) zu ersparen, setzen viele Arten auf Zwittertum oder Hermaphrodismus. Denn getrenntgeschlechtliche Männchen und Weibchen (oder eben zwittrige Artgenossen) einzelner Arten müssen erst einmal überhaupt aufeinandertreffen. Viele küstennah lebende Fische können entweder nacheinander vom Männchen zum Weibchen ihr Geschlecht wechseln oder umgekehrt, oder aber gleich simultane Zwitter sein. Dann besitzen sie beide Geschlechter gleichzeitig.

Das alles sind aber nur erste Einblicke in das ausgefallene Thema der Sexualität in den Weiten des Ozeans. Es bietet noch viele weitere verrückt klingende Geschichten, die wir in einem eigenen und – versprochen – langen Kapitel hören werden. Jetzt wollen wir ein weiteres Thema aufgreifen, das ebenfalls sehr moralgesättigt ist.

Gute böse Delfine

Manche Menschen haben ziemlich ausgefallene Ideen. So auch Adam Walker, ein mehr als nur durchtrainierter Schwimmer aus England, der die 26 Kilometer der unruhigen Gewässer der Cookstraße zwischen den beiden Hauptinseln Neuseelands durchschwimmen wollte. Es ging ihm nicht um einen Rekord um des Rekords willen. Vielmehr wollte Walker durch seinen gefährlichen Schwimmmarathon Geld für die gemeinnützige »Whale and Dolphin Conservation Society« und damit für den Wal- und Delfinschutz sammeln. Die Cookstraße war nicht seine erste gewagte Schwimmtour: Walker hatte schon den Ärmelkanal, die Straße von Gibraltar, den Molokaikanal (Hawai), den Catalinakanal (Kalifornien), den Tsugarukanal (Japan zwischen Honshu und Hokkaido) wie auch den North Channel (zwischen Schottland und Nordirland) durchquert.

Bald merkte der ambitionierte Schwimmer, dass ihn ein zwar nicht allzu großer, aber doch Weißer Hai begleitete. Das ist eine für einen Schwimmer durchaus beunruhigende Begleitung. Doch zeigte sich fast ebenso schnell wie der Hai eine Gruppe von zehn Delfinen und nahm den Schwimmer kurzerhand in ihre Obhut. Die Meeressäuger blieben an seiner Seite, bis der Hai davonschwamm. Wenn das nicht märchenhaft ist: Einer stellt für den Wal- und Delfinschutz Rekorde auf und wird dabei von Delfinen beschützt.

Und natürlich passt die Geschichte zu dem Bild, das wir von »Flipper« haben. Delfine erscheinen uns fast schon übernatürlich nett und wie Botschafter einer besseren Welt: hochintelligent, neugierig, lern- und anpassungsfähig, mit einem guten Gedächtnis ausgestattet, extrem sozial. Sie vermögen es, Konsequenzen von Handlungen vorauszusehen und können ihr Handeln darum planen. Außerdem können sie sich im Spiegel erkennen, eine außergewöhnliche Fähigkeit, die nur wenige Tiere haben. Viele Verhaltensforscher meinen: Wer das kann, kann auch Mitgefühl und Hilfsbereitschaft entwickeln. Und tatsächlich zeigen Delfinmütter Trauer, wenn ihr Baby stirbt. Sie wollen es nicht verlassen und schubsen es immer wieder an die Wasseroberfläche, damit es atmen kann. Das Faktum des Todes können Delfine wohl genauso wenig fassen – oder sich damit abfinden – wie wir selbst. Diese Tiere sind Persönlichkeiten, die psychische Schmerzen empfinden und Traumata erleiden können. Dürfen wir sie dann in Betonbecken einsperren, damit Konzerne damit Profite machen? »Ich denke, dass sie mich beschützt und mich nach Hause begleitet haben!!!«, schrieb der wagemutige Schwimmer über seine Erfahrung mit den faszinierenden Delfinen.

Doch wir sollten dennoch nicht vergessen, dass es sich bei den Meeressäugern um Wildtiere des Ozeans handelt, die keine menschlichen Moralvorstellungen haben. Delfine sind so stark, dass sie einen Menschen mühelos umbringen könnten, wenn sie es wollten. Bei ihren Feinden, den Haien, machen sie das immer wieder, und nicht für alle Menschen war die Begegnung mit Delfinen so angenehm wie für Adam Walker. Sie können sehr zornig, geradezu cholerisch werden, schlagen dann mit der Schwanzflosse aufs Wasser und »klopfen« mit dem Ober- und Unterkiefer. Intelligente Wesen sind offensichtlich auch zu »Bösem« befähigt, wie wir es von unseren Vettern, den Schimpansen kennen. Delfine quälen aus Spieltrieb oder anderen Beweggründen andere, kleinere Delfine, fügen ihnen sogar Schaden zu, vergewaltigen Weibchen der eigenen oder fremden Art, betreiben die im kirchlichen Kontext lange Zeit als extrem sündhaft angesehene Masturbation. Ja, sie schrecken auch nicht davor zurück, im Wasser schwimmende oder tauchende Frauen schwer zu bedrängen. Ein Neoprenanzug ist in so einer Situation ein großer Gewinn. Zuverlässig erkennen junge Männchen, welche unter den mit Neopren gekleideten Wesen weiblich sind, und regelmäßig müssen Frauen sich vor ihnen in Sicherheit bringen und die Flucht aus dem Wasser ergreifen.

Alterungsforscher erzählen von Methusalems, Grönlandhaien und anderen Greisen

Liebeshungrige Delfinjünglinge, uralte Geschöpfe aus der Tiefe sind ein Phänomen – aber es gibt noch andere, über die im Allgemeinen wenig bekannt ist. Als die dynastischen Spannungen in Europa gerade ihren Höhepunkt erreichten und im Dreißigjährigen Krieg gipfelten, der Westfälische Friede Europa neu ordnete und der Sonnenkönig Ludwig XIV. sich von der religiösen Toleranz abwandte, wurde im eiskalten Wasser der Arktis ein Hai geboren. Nahezu 400 Jahre später lebt er immer noch, um von Wissenschaftlern auf sein Alter hin untersucht und danach wieder in sein Element entlassen zu werden. Damit wurde der bis dahin weitestgehend unerforschte Grönlandhai (*Somniosus microcephalus*) zum ältesten bekannten Wirbeltier und übertraf den bisherigen Rekordhalter, die Aldabra-Riesenschildkröte, um das Doppelte.

Es ist eine andere Welt und ein schwer vorstellbares Leben in den unendlichen Weiten des Arktischen Meeres und den lichtlosen Tiefen von 2.000 Metern. Hier darf man nicht wählerisch sein in Bezug auf die Nahrung. Der Eishai, wie der Grönlandhai auch genannt wird, frisst wahrlich alles, was er zwischen die Zähne bekommt. Irgendwann – als Pubertierender mit ungefähr 150 Jahren – wird er dann geschlechtsreif. Und noch viel später, das könnten weitere 100 oder 150 Jahre sein, erreicht er seine maximale Länge, immerhin zwischen sechs und sieben Meter und manchmal sogar mehr, was ihn zu einer der größten heute lebenden Haiarten macht.

Wie aber können Forscher sicher sein, ein so altes Exemplar gefangen zu haben? Mit herkömmlichen wissenschaftlichen Methoden lässt sich das Alter der Tiere tatsächlich nicht bestimmen. Zu Hilfe kommt den Forschern die gute alte C14-Methode. Die dafür benötigte Gewebeprobe wird aus den Augenlinsen entnommen, einem seltsamen Gewebe, das sich kaum durch den sonst ständig stattfindenden »Umbau« im Körper ändert. Das Zentrum der Linse enthält somit eine chemische Signatur, aus der sich das Alter bestimmen lässt.

Derartige Lebensspannen zu erreichen, scheint vor allem jenen Meeresbewohnern vergönnt zu sein, die in kalten Gewässern leben. Auch Grönlandwale werden mit bis zu 200 Jahren sehr alt, Schwertwale erreichen »nur« die Hälfte davon. An die Wirbellosen kommen die Geschöpfe mit einer Wirbelsäule aber nie heran: In der Antarktis leben große Schwämme, die vermutlich 10.000 Jahre auf dem Buckel haben.

Auch Ozeanografen wollen ihre Geschichten erzählen

Das Planschbecken all der geschilderten Kreaturen ist das Weltmeer, ein weltweites Kontinuum. Die Entfernungen von A nach B sind in diesem Planschbecken jedoch ungeheuer weit. Man sollte meinen, dass die verschiedenen Ozeane und Regionen darum voneinander isoliert sind und wenig Gemeinsames aufweisen. Aber die Natur hat Wege gefunden, wie sie selbst diese Distanzen miteinander verbinden kann. Und das geht so: Hunderte Millionen Kubikmeter Meerwasser werden am Rand des antarktischen und arktischen Packeises, wenn im Winter das Wasser gefriert, immer kälter und salzhaltiger. Im Physikunterricht haben wir gelernt, dass kaltes Wasser dichter und bis zu einer Temperatur von vier Grad Celsius, entsprechend des Phänomens, das Dichteanomalie des Wassers genannt wird, immer schwerer wird. Es sinkt in die Tiefe des Ozeans hinab. Die Rotation der Erde versetzt die Wassermassen in Bewegung, denn nichts auf unserer Erde bleibt statisch, nicht einmal das, was wir in unserer Kurzlebigkeit Festland nennen. Die Erddrehung und die durch sie hervorgerufene Corioliskraft drängen das kalte, schwere Wasser in eine bestimmte Richtung, doch kontinentale Massen stellt sich ihm in den Weg.

Irgendwo finden sich aber Möglichkeiten, und ein weltumspannendes Zirkulationssystem entsteht, welches die Ozeanografen *Globales Förderband* und *Thermohaline Zirkulation* nennen. Unvorstellbare Wassermassen rollen wie eine gigantische Flutwelle über untermeerische Berge, Täler, Canyons und Tiefseeebenen. Nur um Tausende Jahre später an der Oberfläche zum Ausgangspunkt zurückzukehren und einen neuen Zyklus zu beginnen. Während wir arbeiten, schlafen, Familien gründen, mit Freunden essen gehen und irgendwann leider auch vergehen, rollen diese Millionen Kubikmeter Wasser zuverlässig um den Globus und transportieren Wärme, Stoffe und allerhand andere Dinge – in unserem Zeitalter auch Plastikenten, die von einem Schiff ins Meer gefallen sind. Die wenigsten Menschen wissen etwas von diesem globalen Förderband, das so weit entfernt und für unser tägliches Leben irrelevant erscheint. Doch nur auf den ersten Blick. Denn an der Oberfläche der Ozeane muss irgendwo genauso viel Meerwasser zurückfließen wie in der Tiefe abtransportiert wird, um die Bilanz der Wassermassen auszugleichen. So entsteht der Golfstrom, der aus seinem Entstehungszentrum in den warmen Meeren Mittelamerikas quer durch den Atlantik Wärme nach Europa bringt und dafür sorgt, dass die Winter bei uns mild sind, während Menschen im kontinental klimatisierten Moskau bei Eiseskälte auf den Frühling harren müssen.

Der Klimaforscher über den Treibhauseffekt

Und einen weiteren Meereszyklus gibt es, den wenige Menschen kennen. Auch der Kohlenstoff ist nicht irgendwie statisch einfach nur da, sondern Teil eines gigantischen, weltumspannenden Rückkopplung-Regulationssystems. Einem Förderband nicht unähnlich kontrolliert er den Treibhauseffekt unseres Planeten. Wir kennen es aus den Nachrichten: Zuviel davon ist schädlich, lässt den Meeresspiegel steigen und macht das Klima zu warm und unstabil mit vielen Stürmen. Zu wenig würde uns aber andererseits auch verhungern lassen. Wissenschaftler nennen dies den Carbonat-Silikat-Zyklus, und bei diesem dürfen wir nicht zu kleinlich denken, denn wir reden von einem Zyklus, der sich in Rhythmen abspielt, die 500.000 Jahre umfassen.

Dieser Kreislauf reguliert langfristig den Gehalt der Atmosphäre an Kohlenstoffdioxid und gleicht Abweichungen aus. Atmosphärisches Kohlendioxid regnet in Form von Kohlensäure auf das Gestein der Oberfläche, wo diese schwache Säure Silikatgesteine erodiert und den Kohlenstoff in Calcium-Silikat-Minerale bindet. Nun ist er also sicher »im Keller« verstaut wie die Kartoffeln im Winter, denn ein Übermaß des Kohlenstoffs würde die Erde sehr ungemütlich machen. Aber er bleibt nicht für immer im Keller, denn irgendwann würde er uns dann fehlen. Sind doch auch wir selbst, alle Lebewesen, aus Kohlenstoff aufgebaut. Durch tektonische Vorgänge gelangen die oberflächennahen »Keller«-Schichten tiefer und werden dort zu Magma geschmolzen. Und dabei wird er wieder frei, und als Kohlendioxid raucht er aus den Vulkanen hinaus, um einen neuen Zyklus zu beginnen.

Mare nostrum – an den Küsten des Meeres blühte unser Geist auf

Dass heute nicht mehr allein der im Magma »erlöste« Kohlenstoff die Atmosphäre erreicht, sondern auch das viele Kohlendioxid, das bisher in fossilen Brennstoffen gebunden war, ist das Ergebnis der exponentiellen Entwicklung der menschlichen Zivilisation vor grob 10.000 Jahren. Am Mittelmeer und östlich davon finden sich wesentliche Wurzeln der modernen Zivilisation, wenn es um Europa und »den Westen« geht. Nahezu alles, was unser Leben heute ausmacht, hat dort seine Anfänge. Sokrates, Platon, Aristoteles – sie legten wesentliche Fundamente unserer spirituellen Entwicklung. Und es ist kein Zufall, dass unser Geist nicht im eiskalten Sibirien so früh so große Sprünge machte, sondern rund um das klimatisch milde Mittelmeer, an dem, frei nach Platon, die Menschen saßen wie die Frösche an einem Teich. Als der Denker dies sagte, hat der Vergleich nicht einmal mehr gehinkt, denn die unternehmenslustigen Griechen hatten zwischen den Küsten Südfrankreichs und Spaniens bis zum Schwarzen Meer bereits über 150 Siedlungen gegründet, die durch eine rege Seefahrt im Austausch standen.

Höhenflüge des Geistes – das Philosophieren – hängen eng mit einem angenehmen Umfeld zusammen: das subtropische, mediterrane Klima ist wie geschaffen dafür, speziell der Schatten eines Olivenbaumes – er ist der ultimative Charakterbaum dieser Region –, mental gestärkt durch den vergorenen Saft einer weiteren urmediterranen Pflanze, *Vitis vinifera*, der Weinrebe. Nur die ausgleichende Wirkung des riesigen Wasserspeichers Ozean kann für ein wohltuendes und inspirierendes Klima wie das mediterrane sorgen – der Physiker spricht trocken von der spezifischen Wärmekapazität des Wassers. Diese ist viel höher als bei den meisten anderen uns bekannten Stoffen. Das ist eine weitere Besonderheit des Wunderstoffs, der etwa 70 Prozent der Erdoberfläche bedeckt und aus dem häufigsten Element des Universums – Wasserstoff – besteht, der sich mit dem häufigsten Element der Erde, dem Oxygen verbindet. Es ist ein Stoff aus scheinbar einfachen Molekülen, doch mit mehr als 40 verschiedenen Anomalien, die ihn von jeder anderen vergleichbaren Flüssigkeit unterscheiden. Die Zusammenhänge zwischen Weltmeer und Klimaregulierung, der Einfluss des Meeres und seiner Landschaften auf alles rundherum sind in Zeiten von *global change* in aller Munde und nur ein blonder US-Präsident bezweifelt das Offensichtliche.

Hinter den geistigen Fortschritten unserer Art stecken also objektive Naturfaktoren, welche das Zentrum der frühen Zivilisation, die heute die ganze Welt prägt, ausgerechnet im östlichen Mittelmeerraum und weiter im angrenzenden Fruchtbaren Halbmond entstehen ließen. In einer Abhandlung von Klaus Held über die »Entdeckung der Welt bei den Griechen« und den »Ursprung Europas« heißt es dazu: »Wer arm ist und keine Zeit zu verlieren hat, um für seine tägliche Lebenserhaltung zu arbeiten, kann sich den Luxus solchen Denkens nicht leisten. Deshalb sagt Aristoteles treffend: Weil sie Muße hatten, d. h. vom Druck der Lebensnot entlastete freie Zeit besaßen, haben die Menschen zu philosophieren begonnen. Nur in der Muße, die ihnen ihr Wohlstand ermöglichte, konnten sich die Bewohner Ioniens auf eine so radikal neue Weise für die Welt öffnen.«

Strandgüter des Geistes sammelten sich am Meer übrigens auch in religiöser Hinsicht. Hier war die Heimat nicht nur des Pantheons der griechischen und römischen Götter, sondern hinter den östlichen Ufern der Levante entstand unter einem winzigen und im globalen Maßstab unbedeutenden Volk in den Bergen Kanaans auch die scheinbar einleuchtende Idee eines einzigen Gottes (eine revolutionäre geistige Innovation): Der Monotheismus der Israeliten in der späteren Form des Judentums, Christentums und Islams sollte die vorherrschende Religionsform der Welt werden, vereint unter der Schirmherrschaft des Stammvaters Abraham.

Ein kleines Mosaik aus verschiedenen marinen und maritimen Steinchen haben wir jetzt zusammengefügt, als Appetithäppchen sozusagen, doch braucht es ausführlichere Kapitel, um auf einzelne Themen tiefer eingehen zu können. Kommen Sie nun also an Bord und freuen Sie sich auf eine spannende Entdeckungsfahrt.

ALS DIE OZEANE GEBOREN WURDEN

Vom ewigen Auf und Ab des Meeresspiegels und dem Puzzlespiel der Tektonik

Wir verzichten hier darauf,
das Gesagte durch Zitate aus der Literatur zu belegen.
Was jeder sehen kann, bedarf keiner Stützung
durch fremde Meinungen;
und wer nicht sehen will, dem ist ohnehin
auf keine Weise zu helfen.

Alfred Wegener: Die Entstehung der Kontinente und Ozeane, 1929

Die eine Milliarde dreihundertsiebzig Millionen dreihundertdreiundzwanzigtausend Kubikkilometer (Salz)Wasser auf unserem Blauen Planeten (nach allerneuesten Kalkulationen 1,332 Milliarden Kubikkilometer; diese neu berechnete Zahl weicht überraschend wenig von der weltweit ersten Kalkulation des Forschers John Murray aus dem Jahre 1888 ab) halten wir für die natürlichste Sache der Welt: Wasser in seinen drei Aggregatzuständen gehört einfach zu unserem Himmelskörper und zu unserem Leben dazu. Basta!

Aber: So einfach ist es nicht! Richtig ist, dass es schon in den »jungen Jahren« des Weltraums Wasser darin gab und dass Wasser im Universum eine häufige chemische Verbindung ist. Selbst in fernen Galaxien hat man es spektroskopisch nachweisen können. Allerdings: Immer entweder als Wasserdampf oder als Eis. Nehmen wir z.B. die Ringe des Saturn: Sie bestehen zu mindestens 90 Prozent aus fast reinem Wassereis. Zusammen enthalten die Saturnringe bis zu 30-mal so viel Wasser wie auf der Erde vorhanden ist – das behaupten Astronomen. Auch Kometen und andere kleinere Himmelskörper können in ihren Kernen Unmengen von Wasser enthalten und innerhalb unserer Galaxie, der Milchstraße, findet sich fein verteiltes Wassereis auch in sogenannten prästellaren Wolkenkernen auf Myriaden interstellarer Staubteilchen. *Lynds 1544* ist so eine Region: Sie enthält so viel eisförmiges Wasser, dass dieses unsere Ozeane mehrere Millionen Mal füllen könnte. Flüssiges Wasser aber, das einen Großteil unseres Blauen Planeten mit einem durchschnittlich 3.700 Meter tiefen Weltmeer bedeckt, das ist – kosmisch gesehen – scheinbar doch eine ziemlich besondere und keineswegs die »natürlichste Sache« der Welt.

Bisher jedenfalls verlief die Suche nach Flüssigwasser in den unendlichen Weiten des Kosmos erfolglos, auch wenn einiges darauf hindeutet, dass es anderswo Ozeane gegeben haben könnte. So gab es einst auf der Oberfläche der Venus vermutlich Flüssigwasser, doch verschwand es vor Milliarden Jahren, als sich in den Meeren der Erde bereits Cyanobakterien (Blaualgen) tummelten. Und auch auf dem Mars könnte es neuesten Forschungen zufolge Wasser gegeben haben. Es muss dann allerdings schwer mit Salzen gesättigt und unter dem Gefrierpunkt kalt gewesen sein, also nicht gerade einladend für ein extraterrestrisches Badevergnügen. Wie aber kommt es, dass wir genau dieses auf der Erde an den Stränden der Ozeane genießen können?

Wie das Wasser auf die Erde kommt

Unser Planet ist etwa 4,6 Milliarden Jahre alt. Seine Entstehung verdanken wir unendlich vielen Kollisionen: Der Raum um die Sonne war voller Staubteilchen, kleiner Brocken und immer mehr auch großer Asteroiden. Wie ein kosmisches Räumungsfahrzeug machten sich die heute existierenden Planeten ihre Bahn frei, krachten dabei stets mit mehr oder minder massigen Körpern zusammen und verschmolzen zu etwas Neuem. So entstand nach und nach die Erde als der Planet, der der Sonne am drittnächsten ist. Woher kam nun aber das Wasser auf diesem Planeten?

Eine Theorie besagt: Am Anfang war die Erde heiß und »trocken«. Erst Himmelskörper unterschiedlichster Größe – sogenannte schmutzige Schneebälle – haben das Wasser nach und nach als Eis auf die Erde gebracht. Dieses ist in der Hitze verdampft und Wasserdampf, Kohlendioxid und Salzsäure bildeten eine Atmosphäre, in der wir sicherlich keinen Atemzug hätten machen können. Erst als die Erdoberfläche unter 100 Grad Celsius abkühlte, konnte Wasserdampf in den flüssigen Zustand übergehen und über Millionen von Jahren haben sich daraus die Ozeane gebildet.

Doch was wäre die Wissenschaft ohne Gegentheorien! Ein Einwand von vielen gegen die Eisballhypothese ist folgender: Wir kennen auf der Erde nicht nur den »normalen« Wasserstoff, sondern auch seinen schwereren Vetter: Deuterium, den »schweren Wasserstoff«. Dieses Isotop hat zusätzlich zu einem Wasserstoffproton auch ein Neutron. Kometen transportieren dieses Deuterium in großer Menge. Wären sie die primären Wasserbringer gewesen, so müssten unsere Ozeane zu einem beträchtlichen Teil aus schwerem Wasserstoff bestehen, was aber nicht der Fall ist. Deuterium kommt auf unserem Planeten in natürlicher Form kaum vor. Könnte es also sein, dass von Anfang an Wasser auf der Erde vorhanden gewesen ist? In der primären Staub- und Gaswolke, aus der sich die Planeten unseres Sonnensystems gebildet haben, waren Wasserstoff, Sauerstoff und Helium die drei häufigsten Elemente. Warum hätte sich also nicht von Anfang an Wasser gebildet haben können?

Der US-amerikanische Planetenwissenschaftler Michael Drake ist überzeugt, dass es ungefähr wie folgt abgelaufen ist: Schon in den Staubteilchen der erwähnten Staubwolke war das erste Wasser unseres Sonnensystems gebunden. Die Elemente, aus denen es entstehen konnte, waren in so großer Menge vorhanden, dass sie sogar zehnmal mehr Wasser ergeben hätten, als es heute in den Ozeanen gibt. Die Staubteilchen fanden sich zusammen und formten unseren Planeten, der größer und größer wurde. Irgendwann kam es zu einer segensreichen kosmischen Katastrophe, der wir die Ozeane verdanken: Ein marsgroßes Himmelsobjekt traf die junge Erde, so dass ihr ein riesiges Stück Materie entrissen wurde. Es entsteht der, dem wir die Wunder der Gezeiten und der Romantik verdanken: der Mond. Die erschütterte, aufgeheizte Erde schmilzt bis in große Tiefen, kühlt später wieder ab, das Wasser verdunstet zu riesigen Nebelschwaden, aus denen etwas später heißer Regen auf die Erde herunterfällt, der über Jahrmillionen die Ozeane bildet.

Die Vorstellung, dass es schon sehr früh Wasser auf der Erde gab und die (Ur)Ozeane damit älter sind als ursprünglich gedacht, erhielt im Jahr 2017 neue Nahrung. Eine Studie bringt zwei neue *player* ins Spiel, den größten Planeten des Sonnensystems, den Jupiter, und das Element Ruthenium, das mit seinen unterschiedlichen Isotopen Aussagen über die Entwicklung der Erde ermöglicht. Da es im inneren Sonnensystem anfänglich zu heiß für flüssiges Wasser war, kam es nur gasförmig vor. Die noch »unfertigen« Planeten konnten diese Gase aber nicht halten und ein starker Sonnenwind blies die Wasserdämpfe an den Rand des Sonnensystems, wo es wesentlich kälter war. Hier kam Jupiter unseren künftigen Wasserbedürfnissen durch eine seltsame Bewegung zu seiner heutigen Umlaufbahn weiter entfernt vom Inneren des Sonnensystems entgegen: Er katapultierte Meteore und das Wasser zurück zur Erde. Unzählige wasserreiche Meteore wurden so zur Erde befördert, und zwar eher früher als später im Lauf der Erdgeschichte, wie die Forscher betonen. In der Theorie spielt auch das seltene Element Ruthenium eine Rolle, das je nach seinem Ursprung weit außen im Sonnensystem oder näher zu seinem Zentrum unterschiedliche chemische Fingerabdrücke hinterlässt. Wissenschaftler kommen mithilfe des Rutheniums wasserhaltigen Kometen aus dem äußeren Sonnensystem und trockenen Meteoriten aus dem inneren Sonnensystem auf die Spur. Die Herkunft des Erdmantels aus dem letzten Abschnitt der Erdentstehung kann damit besser beurteilt werden. Und dieser äußere Erdmantel stammt dem Ruthenium nach nicht aus wasserreichen Objekten aus dem äußeren Sonnensystem, wie man es früher annahm. Doch ist das letzte Wort über den Ursprung des irdischen Wassers noch lange nicht gesprochen. Verlässliche Ruthenium-Daten von Kometen weit draußen im Sonnensystem wären erforderlich, um die präsentierte Theorie zu stützen. Und diese haben wir vorerst noch nicht. Sollten in solchen Kometen dieselben Ruthenium-Isotope wie in der jüngeren Erde gefunden werden, würde die Theorie kippen.

Wie war es also wirklich? Nun: Wir wissen es noch nicht im Detail. Was wir wissen, ist, dass das Wasser da ist und dass das meiste auf der Erde vorkommende Wasser, nämlich 97 Prozent, salzig ist. Wie aber kam das Salz ins Meer?

Wie kommt das Salz ins Meer?

Die meisten Meere weisen um die 3,5 Prozent Salzgehalt auf – »Salinität«, wie es die Meereskundler nennen. Das bedeutet, dass sich in einem Liter Meerwasser mit grob gerechnet einem Kilogramm Masse 35 Gramm Salz finden. Wenn wir einen Kubikmeter Meerwasser verdunsten lassen, erhalten wir von den etwas mehr als 1.000 Kilogramm Salzwasser 3,5 Kilogramm Salz. Von Salzwasser spricht man, wenn die Salinität über einem Prozent liegt. Der Atlantik hat durchschnittlich 3,54 Prozent Salzgehalt, der Indische Ozean 3,48, der Pazifik 3,45 und die Nordsee 3,2 bis 3,5. Beim Brackwasser, das ist ein Gemisch aus Süß- und Salzwasser, liegt die Salinität zwischen 0,1 und 1,0 Prozent. Einige Meere sind somit salzhaltiger als andere und in der Regel sind es Randmeere wie das Mittelmeer oder das Rote Meer, die einen höheren Salzgehalt aufweisen. Diese von Landmassen eingeschlossenen Nebenmeere der Ozeane, die zudem noch in warmen Klimazonen liegen, nennen Ozeanografen auch »Konzentrationsbecken«. Hier verdunstet mehr Wasser, als durch Niederschläge und Zuflüsse in die Meere hineinkommt. Ohne einen Zufluss aus einem Ozean, wie z.B. durch die Straße von Gibraltar, würde ein solches Meer irgendwann austrocknen. So hat das Mittelmeer an der israelischen Küste an seinem Ostrand einen Salzgehalt von über 3,9 Prozent und damit 0,3 Prozent mehr als der Atlantische Ozean vor Gibraltar. Das Wasser des Roten Meeres kann in den nördlichsten Bereichen des Golfes von Suez und Aqaba 4,2 Prozent Salzgehalt erreichen. Das ist der höchste Wert, den wir in den Meeren finden, weil Gewässer wie das Tote Meer nicht zu den Meeren gezählt werden. Sein Salzgehalt liegt bei 28 bis 33 Prozent, und doch ist es noch nicht das salzhaltigste Gewässer der Erde: Der

Kara-Bogas-Gol in Turkmenistan hat bis zu 34 und der Assalsee im Afar-Dreieck 35 Prozent Salzgehalt.

Andere Meere sind wiederum wesentlich weniger salzhaltig. Das Schwarze Meer bringt es gerade auf zwei Prozent: Es hat viele große Zuflüsse wie z.B. die Donau und das Klima ist hier weniger warm als am Mittelmeer oder am Roten Meer, so dass auch die Verdunstung geringer ausfällt. Das Schwarze Meer weist somit anders als das Mittelmeer einen Wasserüberschuss auf. Dieser fließt über den Bosporus, das Marmarameer und die Dardanellen in die Ägäis und damit über das Östliche Mittelmeer ab. Noch niedriger liegt die Salinität der Ostsee, dem größten »Brackwassermeer« der Erde, nämlich bei maximal 1,7 Prozent.

Wie aber kommt das Salz ins Meer? Das Wasser löst auf seinem langen Weg alle möglichen Minerale auf und nimmt diese mit auf die große Reise. So gelangen Mineralstoffe und Salze ins Meer, während das Lösungsmittel Wasser selbst verdunstet, in die Atmosphäre gelangt, herabregnet und erneut seinen Weg ins Meer sucht. Bäche und Flüsse bilden so die Förderbänder der Natur, die das Meer mit Salzen versorgen. Den Löwenanteil davon bildet Chlorid mit 55 Prozent, gefolgt von Natrium mit etwas über 30 Prozent. Die beiden ergeben gemeinsam Natriumchlorid (NaCl), unser wohlbekanntes Kochsalz. Danach folgt Sulfat mit knapp 7,7 Prozent, Magnesium mit 3,7, Calcium mit 1,2, Kalium mit 1,1 und viele weitere Stoffe in kleineren Mengen. Tatsächlich finden sich im Meerwasser praktisch alle natürlichen Elemente der Erde in gelöster Form, doch sind manche, wie etwa Gold, nur in Spuren vorhanden.

Als einer der Ersten erforschte der schweizerisch-britische Chemiker und Arzt Alexander Marcet (1770 – 1822) die chemische Struktur des Meerwassers. 1819 machte er eine gleichermaßen wichtige wie verblüffende Entdeckung: Das Mengenverhältnis der bedeutendsten Ionen des Meerwassers wie Natrium, Chlorid und Magnesium ist in allen Ozeanen immer genau gleich, egal wie der Gesamtsalzgehalt des jeweiligen Meeres ist, ob dieser also bei 1,8 Prozent liegt oder bei über vier. Damit war das »Prinzip der konstanten Proportionen« entdeckt! Dank dieser Erkenntnis ist es möglich, die Menge aller Salze im Meerwasser zu errechnen, auch wenn man nur die Menge eines Salzes durch Messen bestimmt. Das Phänomen der konstanten Proportionen der Ionen macht deutlich, wie ausgewogen das Gleichgewicht all der geochemischen und biologischen Prozesse im Meer sein muss, damit ein derartig »klinischer« Zustand dauerhaft aufrechterhalten werden kann.

Damit aber ist auch eine wichtige Frage berührt! Denn: Wenn das Verhältnis der Salze im Meer immer gleich ist und wenn die Flüsse jeden Augenblick neue gelöste Minerale ins Meer bringen und nur das Wasser verdunstet: Warum wird das Meer dann nicht ständig salziger? Das wird es nämlich nicht. Sein Salzgehalt ist konstant. Wieso?

Zum einen darf man nicht vergessen, dass das Weltmeer unfassbar groß ist. In Relation zum bereits vorhandenen Salz der Ozeane ist das, was die Flüsse jährlich einbringen, verschwindend wenig. Hinzu kommt: Das Meer ist voller Leben. In jedem Tropfen des endlosen Ozeans können sich viele Millionen Organismen finden, die Stoffe aus dem Meerwasser aufnehmen. Wenn diese Organismen sterben, sinken sie langsam zum Meeresgrund ab. Unterwegs werden sie von Bakterien und anderen Lebewesen zersetzt. Ein Teil der so entstehenden Stoffe landet schließlich wirklich in der Versenkung am Meeresgrund und wird von dort nicht mehr heraufgeholt. Erdgeschichtlich gesehen entstehen so neue Sedimentgesteine. Sedimente werden aber in Subduktionszonen im Erdmantel auch wieder eingeschmolzen. Ein Teil der Nährstoffe gelangt aus der Tiefe durch Umwälzungen und Strömungen wieder zurück in den Kreislauf der Stoffe im Meer. Das Meer gleicht so einem riesigen biochemischen Laboratorium, in dem alles ständig umgebaut wird und sich ein Fließgleichgewicht ausbildet. Der Ozean hat sozusagen seinen eigenen »Stoffwechsel«, den wir aber bei weitem noch nicht vollständig überblicken.

Was wir aber wissen ist, dass unvorstellbar große Salzmengen in Folge geologischer und tektonischer Vorgänge aus dem Meer sozusagen herausgenommen wurden. So entstanden in flachen Becken, die durch tektonische Verschiebungen vom Meer abgetrennt wurden, durch Verdunstung des Wassers große Salzwüsten, die mit der Zeit von Sedimenten überlagert wurden. Salzlagerstätten bildeten sich, die später manche Regionen Europas reich machten. Salzbergwerke und der Handel mit Salz waren die Lebensadern vieler Regionen. Noch heute kündet die Silbe »hall« z.B. in Bad Reichenhall, dem das keltische Wort für »Salz« entspricht, von dieser Tatsache. Welch unvorstellbare Mengen Salz so aus dem Meer entfernt wurden, zeigt die sogenannte Messinische Salinitätskrise, die vor 5,3 bis sechs Millionen Jahren stattfand: Tektonische Vorgänge in der Meerenge von Gibraltar unterbrachen damals den Zufluss des Atlantikwassers in das mediterrane Becken. Es trocknete nach und nach mehr oder weniger vollständig aus, und am Meeresgrund bildeten sich 1.000 bis 1.300 Meter dicke Schichten von Salz, die man zu Beginn der 1970er-Jahre an vielen Stellen des Mittelmeeres bei Tiefseebohrungen entdeckte.

Irgendwann später öffnete sich die Verbindung zum Atlantik wieder. Unvorstellbare Wassermengen stürzten ins mediterrane Becken und füllten es innerhalb geologisch gesehen recht kurzer Zeit wieder auf. Die Bewohner des heutigen Mittelmeeres stammen aus diesem Grund größtenteils aus dem Atlantik. Erst die Eröffnung des Suezkanals im Jahr 1869 machte den Weg für eine neue biogeografische Entwicklung frei: Nun wandern auch exotische Bewohner des Roten Meeres ins Mittelmeer ein und heute zählt die Wissenschaft bereits an die 1.000 solcher eingewanderten Spezies!

Tektonische Verschiebungen sind aber nicht nur verantwortlich dafür, dass im Laufe der Erdgeschichte Randmeere trocken fielen und große Mengen Salz dem Meer entzogen wurden. Sie sorgten auch dafür, dass die Räume entstanden, in denen das Wasser sich zu Ozeanen sammeln konnte, und sie verändern ständig die Gestalt dieser Ozeane. Das wollen wir uns jetzt noch etwas genauer ansehen.

Wie die Tektonik Puzzle spielt

Als der deutsche Wissenschaftler Alfred Wegener (1880 – 1930) seine Theorie der Kontinentalverschiebung der Öffentlichkeit präsentierte, regte sich in Wissenschaftlerkreisen viel Widerstand. Einer seiner Gegner meinte, er würde erst dann glauben, dass die Kontinente driften, wenn der Kopf einer Fossilie auf einem Kontinent und der Schwanz auf dem anderen gefunden werden. Welcher Mechanismus sollte denn dahinter stecken, dass sich die Kontinente bewegen, fragten die Skeptiker. Tatsächlich blieb Wegener diese Erklärung schuldig. Er konnte nicht sagen, *wie* die Kontinentaldrift vonstattenging, aber er meinte beweisen zu können, *dass* sich die Kontinente tatsächlich bewegen. Setzten sich nicht Gebirge und Gesteinsformationen, die in Südafrika begannen, in Argentinien fort? Einst vergletscherte Gebiete in Afrika, Indien, Teilen Ostaustraliens und der Antarktis lagen heute größtenteils in tropischen bis subtropischen Gebieten; aufgrund der Geologie ließ sich das eindeutig belegen. Ungewöhnliche Gesteinstypen und charakteristische Gesteinssequenzen fanden sich in identischer Form auf der einen Seite wie auch auf der anderen des Atlantischen Ozeans, so z.B. deformierte Gesteine des Kap-Faltengürtels in Südafrika und jene der Provinz Buenos Aires in Argentinien.

All diese Beobachtungen Wegeners werden plausibel, wenn wir eine Karte des Urkontinents Pangäa anschauen, eine Darstellung, die die Landmassen in jener Zeitepoche darstellt, als die Kontinentalmassen einen einzigen Superkontinent bildeten. Auf einer solchen Karte sehen wir die zusammenhängenden Gesteinsgürtel, die Wegener auf zwei Kontinenten vorfand.

Auch zahlreiche Fossilien, die in Europa und im Osten von Nordamerika, nicht aber in seinem Westen zu finden sind, geben Wegener ebenfalls Recht. Und dann ist da noch die elementare Wahrnehmung, die jeder auf einer Weltkarte machen kann: Die Konturen der Kontinente passen in vielen Fällen so zueinander wie die Teile eines Puzzlespiels. Das war natürlich auch schon zuvor Menschen aufgefallen, die die Weltkarte aufmerksam betrachteten. Der englische Philosoph Francis Bacon (1561 – 1626) hat ebenso wie der große deutsche Naturforscher Alexander von Humboldt (1769 – 1859) notiert, dass die Küstenlinien auf beiden Seiten des Atlantiks erstaunlich gut zusammenpassen. Sie gingen der Frage, warum dies so sei, aber nicht weiter nach. Anders der flämische Kartograf Abraham Ortelius im Jahr 1596. Er schrieb, dass »Amerika von Europa und Afrika weggerissen wurde ... durch Erdbeben und Fluten ...«. Der deutsche Theologe Theodor Lilienthal meinte 1756 sogar, einen biblischen »Beweis« für das Auseinanderbrechen der Kontinente gefunden zu haben: »Eber wurden zwei Söhne geboren. Einer hieß Peleg, weil zu seiner Zeit die Erde zerteilt wurde ...«, steht im 1. Buch Mose 10, 25. Den Grund für die »Zerteilung« sah er in der Sintflut. Zu jener bibelgläubigen Zeit musste die biblische Sintflut für alles Mögliche als Erklärungsmodell herhalten und auch in der Geologie dominierte der sogenannte Katastrophismus, der das Aussehen der Erde eben durch Kataklysmen biblischen Ausmaßes zu erklären versuchte. Wegener neigte da eher zu nüchterner Beobachtung und genauem Hinsehen: Er erkannte sogar, dass diese Passgenauigkeit bei den Schelfrändern, also bei den unter Wasser liegenden Teilen der Kontinente Afrika und Amerika, noch deutlicher wird als bei der sichtbaren Küstenlinie selbst. Im Laufe der Zeit setzte sich Wegeners Theorie durch. Aber trotz der offensichtlichen Wahrheit seiner Erkenntnisse verwendet heute kein Geowissenschaftler mehr den Ausdruck »Kontinentalverschiebung«. Das moderne Wort dafür heißt *Tektonik* (griechisch *tektonikós* = die Baukunst betreffend). Warum kam es zu diesem Namenswechsel?

Einige Jahrzehnte nach Wegeners Tod begannen die Geologen und Geophysiker die Vorgänge in der Erdkruste genauer zu verstehen. Sie fanden heraus, dass nicht die Kontinente driften, sondern größere Platten, auf denen die Kontinente wie große Inseln stehen. Nehmen wir Afrika als Beispiel: Die Afrikanische tektonische Platte beginnt im Westen bereits in der Mitte des Atlantischen Ozeans an einem Mittelatlantischen Rücken und endet erst im Indischen Ozean mehr als 1.000 Kilometer von der Küste Afrikas entfernt ebenfalls an einem solchen Bergrücken im Meer. Die eigentliche Landmasse Afrikas, der Kontinent, ist nur der sichtbare Teil der Platte, der Rest ist von Meeren bedeckt. Die für die Verschiebung wesentlichen Vorgänge laufen darum in der Regel nicht an den sichtbaren Küsten der Kontinente ab, sondern an den unsichtbaren Plattengrenzen in der Tiefe der Meere: Hier entsteht aus zähflüssigem Material aus dem Erdmantel laufend neues ozeanisches Krustenmaterial, an anderen Stellen dieser Platten, meist am Rand einer kontinentalen Scholle, sinkt diese ozeanische Kruste wieder hinab – den Vorgang nennt man *Subduktion* – und wird im Erdmantel eingeschmolzen. Die vom Meer bedeckte ozeanische Kruste ist also so etwas wie ein Fließband, entstehend und wieder vergehend. Und dieser Prozess ist der eigentliche Motor dessen, was Wegener noch Kontinentaldrift nannte und dessen Ursache er nicht erklären konnte.

Diese Ursachen haben Geophysiker heute tief im Erdinneren enträtselt. Langsam ablaufende Umwälzungen zwischen der Oberfläche des etwa 5.400 Grad Celsius heißen Erdkerns und der erheblich kühleren Erdkruste viel weiter »oben«, also in der Nähe der Erdoberfläche, sind dafür verantwortlich. Solche Konvektionsströme sind eigentlich ein Wärmetransport-Mechanismus. Die Mantelkonvektion treibt die Entstehung neuer ozeanischer Krusten an den diversen mittelozeanischen Rücken an. Da Neues entsteht, die Erde aber nicht größer wird, muss an anderer Stelle ozeanische Kruste »vernichtet« werden. Eben das passiert in den genannten Subduktionszonen. Sie sind tektonisch besonders aktiv: Hier gibt es die meisten Erdbeben, und auch der Vulkanismus der Erde konzentriert sich hier entlang von ansonsten für uns unsichtbaren Linien. Nirgendwo sonst könnten wir das besser nachvollziehen als rund um den Pazifik, den größten Ozean der Erde. Seine nicht vollständig geschlossene Vulkankette wird Pazifischer Feuerring genannt und ist fast 40.000 Kilometer lang.

Die Erde ist also tektonisch gesehen in ständiger Bewegung. Für die Ozeane bedeutet das: Noch nie war irgendeiner von ihnen etwas Konstantes, Stabiles oder gar Ewiges. Ganz im Gegenteil: Ozeane sind definitionsgemäß vergänglich, auch wenn ihre Existenz viele Millionen Jahre umfasst und sie uns daher als wie für die Ewigkeit gemacht erscheinen. An der ursprünglichen Position einer Kruste im Meer hat man bisher noch nie Relikte alter Ozeankruste entdeckt. Höchstens als Fragmente an Land.

Tethys etwa, der Urozean zwischen dem nördlichen Eurasien und dem südlichen Afrika also, ist auf diese Weise allmählich gestorben. Reste dieses Urmeeres finden wir im östlichen Mittelmeerraum südlich von Kreta bis Zypern. Sie sind mit einem Alter von vielleicht 220 Millionen Jahren – wie man länger vermutete – die ältesten ozeanischen Krusten auf dem Planeten überhaupt. 220 Millionen Jahre, das klingt nach viel, aber 2016 hat Roi Granot von der Ben-Gurion-Universität in Beer-Sheva diesen Altersrekord durch seine Forschungen mithilfe von Schwerefeld- und Magnet-Messungen gebrochen. Versteckt unter kilometerdickem Sediment des östlichen Mittelmeeres liegt im Herodot-Becken zwischen Zypern und der ägyptischen Küste 340 Millionen Jahre altes Gestein – die älteste bisher entdeckte Ozeankruste der Erde. Für die meisten Leser schwer vorstellbar, für Geowissenschaftler eine Sensation: Das verborgene Urzeit-Relikt hat die bisher bekannte Altersgrenze für ozeanische Krusten um mehr als 100 Millionen Jahre nach hinten verschoben.

Das Rote Meer ist im Gegensatz dazu ein junger, gerade entstehender Ozean. Entlang einer langen Störung in der Erdkruste, die sich vom Nahen Osten aus über Tausende Kilometer bis zum Ostafrikanischen Grabenbruch erstreckt, bricht die Erdkruste auf, neues Material steigt auf und lässt kontinentale Landmassen auseinanderdriften: Ein neuer Ozean entsteht! Geowissenschaftler können beim Wachsen des Grabens förmlich zuschauen und der Graben zu Afrika wird im Afar-Dreieck in etwa zehn Millionen Jahren so breit sein wie das Rote Meer heute.

Das ewige Auf und Ab des Meeresspiegels

Die Ozeane sind also rastlose, sich ständig verändernde Gebilde. Und das nicht nur, weil sie breiter oder schmaler werden, neu entstehen oder verschwinden. Ihre Existenz ist obendrein von einem ständigen Auf und Ab gekennzeichnet.

Vor 20.000 Jahren – erdgeschichtlich gesehen also gestern – sah Europa ganz anders aus, als wir es heute kennen. Von der spanischen Atlantikküste aus zog sich das Land nach Nordwesten entlang des Kontinentalschelfs bis westlich der »Britischen Inseln« und darüber hinaus weit nach Norden, wo ein riesiger Gletscher alles bis zur Arktis hin bedeckte. »Britische Inseln« stehen hier absichtlich in Anführungszeichen – denn diese hat es ebenso wenig gegeben wie die Nord- oder Ostsee. Der Norden Europas war eine einzige riesige, teilweise vereiste Landfläche. Und auch am Mittelmeer sah es ganz anders aus: Die Straße von Gibraltar konnte man beinahe trockenen Fußes begehen, Korsika, Sardinien, Sizilien und der italienische Stiefel bildeten eine Landmasse. Die Inselwelt der Ägäis gab es nicht und die Nordadria hätte bestenfalls für einen Wander-, nicht aber für einen Strandurlaub getaugt. Bis nach Mitteldalmatien hinunter erstreckte sich trockenes Land, durch das ein großer Fluss mäandrierte: der Po.

Vor 20.000 Jahren, gegen Ende des »Pleistozäns« oder des Eiszeitalters, lag der Meeresspiegel eben um etwa 100 Meter tiefer als heute. Und mehr. Solche Schwankungen sind erdgeschichtlich gar nicht ungewöhnlich. In den letzten 600.000 Jahren passierte es vier Mal, dass der Meeresspiegel mehr als 100 Meter tiefer lag, als er heute ist. Um diese Schwankungen zu erklären, müssen wir mehrere Phänomene bedenken. Erstens verändert sich durch die eben beschriebenen tektonischen Abläufe und die Ozeanbodenspreizung die Größe des Weltmeerbeckens, also das zur Verfügung stehende Gesamtvolumen sämtlicher Meeresbecken. Die Badewanne ist sozusagen manchmal größer und manchmal kleiner – bei gleicher Wassermenge. Allerdings bleibt auch diese nicht immer gleich, denn Klimaschwankungen bewirken, dass mal mehr, mal weniger flüssiges Wasser auf der Erde vorhanden ist. In Kaltzeiten sind unvorstellbare Mengen Wasser in Schnee, Eis und Gletschern gebunden, in warmen Perioden waren die Polkappen komplett abgeschmolzen und der Meeresspiegel viel höher als heute. Würden heute die Polkappen abschmelzen, läge der Meeresspiegel weltweit um 73 Meter höher! Hinzu kommt noch ein weiteres Phänomen. Die kontinentalen Landmassen verhalten sich wie Flöße: Beladen liegen diese tiefer im Wasser als unbeladen. In den Kaltzeiten sinken also die Kontinentalplatten unter der schweren Last der Eismassen tiefer in das zähflüssige Erdinnere ein. Wenn aber das Eis abschmilzt und die Platten dadurch leichter werden, hebt sich das Land wieder im Verlauf von einigen Jahrhunderten oder auch Jahrtausenden. Geowissenschaftler nennen diesen Vorgang elastischer Rückprall oder postglaziale Hebung. So wird etwa Schweden seit dem Ende der letzten Kaltzeit stets gehoben, wodurch der Meeresspiegel in der Wahrnehmung der Bewohner Schwedens scheinbar sinkt.

Das alles macht es ziemlich kompliziert, die Schwankungen des Meeresspiegels an einem bestimmten Ort genau zu verstehen. Denn all die genannten Prozesse laufen gleichzeitig ab. Eis wird gebildet oder schmilzt ab, gleichzeitig laufen tektonische Prozesse und Landmassen versinken tiefer in den darunterliegenden Schichten oder umgekehrt werden einige gehoben. Jede Menge Verstärkungs- und Abschwächungseffekte also. Der Eintrag von Sedimenten in die Meeresbecken und die daraus resultierende Wasserverdrängung spielen auch eine kleine Rolle und selbst die Änderung der Wassertemperatur in den Weltmeeren führt zu gewissen Volumenausdehnungen bzw. -schrumpfungen des Wasserkörpers. Nehmen wir an, der gesamte Wasserkörper der Weltmeere würde sich um ein Grad Celsius erwärmen, dann hätte das einen Anstieg des Meeresspiegels um 70 Zentimeter zur Folge. Und regional spielt ein weiteres Phänomen eine Rolle, das wir bereits im nächsten Kapitel genauer unter die Lupe nehmen wollen, nämlich die Schwereanomalien des Erdkörpers, das in Gebieten mit einer positiven Schwereanomalie zu höheren Meeresspiegeln führt, in jenen mit einer negativen zu niedrigeren.

Nichts auf der Erde bleibt für immer so, wie es gerade ist. So ist er, unser Heimatplanet! In ständiger Veränderung und dann auch noch verbeult, wie wir jetzt sehen werden.

VERBEULTE OZEANE, ERDKARTOFFEL UND WELLENBERGE

Himmlische Kräfte und irdische Massen zerren am Blauen Planeten

Kann jemand so närrisch sein zu glauben,
dass es Menschen gibt, deren Fußsohlen nach oben
und deren Köpfe nach abwärts gerichtet sind?

Kirchenvater Laktanz (um 250 – um 320 n. Chr.)

Dass die Erde einer Kugel gleicht, gehört heute zum Allgemeinwissen und regt niemanden auf. Das war früher ganz anders. Der christliche Apologet Lucius Caecilius Firmianus beispielsweise, auch Laktanz genannt, war über die Ansichten »heidnischer« Philosophen und Denker in Bezug auf die Form unseres Planeten mächtig erbost. Wie könne man nur annehmen, »dass es Gegenden gibt, wo Bäume und Sträucher abwärts wachsen oder der Regen und Hagel aufwärts fallen?«, polemisierte der Apologet. »Absurd und lügenhaft sind solche Behauptungen«, meinte er.

Was die alten Griechen bereits wussten

Dabei war die Vorstellung von der Kugelgestalt der Erde gerade im Mittelmeerraum und im Orient unter Gelehrten bereits seit dem 1. Jahrhundert so etwas wie allgemeines Wissensgut. Und schon ein halbes Jahrtausend davor hatte der berühmte Vorsokratiker Pythagoras (um 570 – nach 510 v. Chr.) behauptet, die Erde sei eine Kugel. Eratosthenes von Kyrene (zwischen 276 und 273 – um 194 v. Chr.), einer der vielseitigsten griechischen Gelehrten in der Blütezeit der hellenistischen Wissenschaften und Leiter der bedeutendsten Bibliothek der Antike in Alexandria, bestimmte sogar den Erdumfang verblüffend genau. Auch Aristoteles, der Vater der Meeresbiologie, erklärte schon 600 Jahre vor Laktanz in seinem Werk *Peri uranú* – »Über den Himmel« –, warum die Erde kugelförmig sein müsse. In der Österreichischen Nationalbibliothek in Wien findet sich eine spätere Handschrift des Werks. Es enthält den »Beweis für die Kugelgestalt der Wasseroberfläche«. Aristoteles hält daran fest, dass sich an auf das Meer hinausfahrenden Schiffen unschwer erkennen lasse, dass die Wasseroberfläche die Form einer glatten Kugel habe, denn zuerst verschwinde vom Schiff allmählich der Rumpf und erst später der Mast mit dem Segel.

Nicht leicht zu verstehen: die Schwere

Wie aber kommt diese »Kugelgestalt der Wasseroberfläche« zustande? Aristoteles liefert auch dafür die Erklärung. Er hatte beobachtet, dass »alle Körper von allen Seiten her gleichmäßig zum Mittelpunkt der Erde streben«. Richtig: Das ist in schönen Worten ausgedrückt unsere schlichte Alltagserfahrung, dass alles, was schwer ist, runterfällt, wenn man es anhebt und loslässt. Weil Wasser auch schwer ist und darum gleichmäßig zum Mittelpunkt der Erde strebt, muss also, weil ja die Erde auch noch eine Kugel ist, eine schöne, symmetrische, glatte und kugelförmige Wasseroberfläche die natürlichste Sache der Welt sein – abgesehen einmal von den Wellen, die beispielsweise der Wind hervorruft. Soweit Aristoteles, dessen Theorie von der Kugelgestalt der Erde im 15. und 16. Jahrhundert von den portugiesischen und spanischen Seefahrern, die die »Neue Welt« erkundeten, eindrucksvoll bestätigt wurde.

Es sollte dann Isaac Newton (1643 – 1727) sein, dessen Erkenntnisse den Menschen tiefere Einsichten in die *gravitas*, die »Schwere«, der Dinge bescherten. Newton entdeckte und erklärte die Massenanziehung oder Gravitation. War Aristoteles noch der Meinung gewesen, dass nur bestimmte Elemente einander anziehen könnten, konnte Newton zeigen: Nicht irgendwelche Elemente ziehen die Dinge an oder werden angezogen, nicht der Mittelpunkt der Erde ist es, wohin alles strebt, sondern sämtliche Massen ziehen sich gegenseitig an. Das hat bedeutsame Konsequenzen, wenn es um die Kugelgestalt der Erde geht!

Die Demontage der idealisierten Kugelerde

Schon bevor man mithilfe von Satelliten die Erde aus dem All vermessen konnte, war aufgefallen, dass die Erde so ganz rund dann auch wieder nicht ist. Geodätische Messungen hatten gezeigt: Am Äquator misst der Radius der Erde, also der Abstand vom Mittelpunkt zur Oberfläche, 6.371 Kilometer. Von den Polen aus gemessen, ist der Radius aber um 21 Kilometer kürzer. Die Erde ist bei genauerem Hinsehen also ein Rotationsellipsoid mit abgeplatteten Polen. Die geringfügige Abplattung des Planeten ist als Folge der Erdrotation und der damit auftretenden Fliehkraft logisch, wissen wir doch, dass nur eine äußerst dünne Schicht der Erdoberfläche »starr«, der Rest aber zähflüssig ist. Wie die Röcke tanzender Derwische sich durch die drehende Bewegung und die daraus resultierende Fliehkraft zu einem Kreis formen, so sammelt sich am Äquator, einem Wulst gleich, mehr Masse als an den Polen.

Doch damit nicht genug. Als das renommierte Helmholtz-Zentrum des Deutschen GeoForschungsZentrums in Potsdam (GFZ) in den 1990er-Jahren ein neues

Modell der Erde als sogenanntes Geoid entwarf, war es mit der ästhetischen Idealisierung unseres Planeten endgültig vorbei. Das GFZ nahm bei seiner Darstellung der Form der Erde ernst, dass die irdische Schwerkraft nicht überall gleichmäßig wirkt und darum die Ozeanoberfläche nicht »eben« und »spiegelglatt« ist, also weder einer idealen Kugeloberfläche noch einem Rotationsellipsoid entspricht, sondern eher aussieht, wie eine durch das All sausende Kartoffel. Die berühmte »Potsdamer Erdkartoffel« zeigte, dass überall Dellen, Beulen und Berge Gottes vollkommene Erdkugel verunstalten!

Eine Schifffahrt auf den Ozeanen gleicht darum einer Berg- und Talfahrt. Möchte man etwa das Gebiet des Indischen Ozeans südlich des namensgebenden Subkontinents besuchen, so muss man in ein 110 Meter tiefes Loch »hinunterfahren«, während wir bei einer Fahrt im Nordatlantik mühsam einen »Wasserberg« von 90 Metern »hochfahren« müssen. Ähnlich hügelig ist es auch rund um Neuguinea nördlich von Australien. Bei einer Atlantiküberquerung von Europa nach Amerika rutscht man ungefähr in der Mitte des Ozeans, oberhalb des Mittelozeanischen Rückens, einen etwa 20 Meter hohen »Hang« hinunter, denn der gesamte Ostatlantik hat einen höheren Meeresspiegel als die westliche Hälfte des Ozeans.

Natürlich: Das bemerkt man nicht, weil die Entfernungen riesig und die Steigungen darum nicht wahrnehmbar sind. Aber die äußerst präzisen Messungen von Erdbeobachtungssatelliten wie *Champ* und *Grace* konnten die wahre Geoidform der Erde ans Tageslicht bringen. Stellt man die gemessenen Daten übertrieben dar, werden die Berge und Dellen im Ozean sichtbar.

Sie entstehen, weil die Massen auf und im Globus unterschiedlich verteilt sind und die Gravitation darum an unterschiedlichen Orten unterschiedlich stark wirkt. So nimmt mit zunehmender Entfernung vom Mittelpunkt der Erde die Anziehungskraft ab, und zwar alle 1.000 Meter etwa um 0,03 Prozent. Ein schlanker Astronaut, der auf der Erde 70 Kilogramm wiegt, wird im Orbit auf einer Umlaufbahn mit einer Entfernung zur Erde von etwas mehr als 3.300 Kilometern masse- und d.h. schwerelos. Wenn er hingegen nur sportliche Ambitionen hat und den Mount Everest besteigt, verliert er bloß 186 Gramm seiner Masse. Und wenn er ein echter Draufgänger ist und die Pole besucht, wird er feststellen, dass er 350 Gramm »zugenommen« hat, denn das Schwerefeld der Erde ist an den Polen um 0,5 Prozent stärker als am Äquator. Die Anziehungskraft ist eben eine Funktion der Entfernung vom Erdmittelpunkt. Ein Gramm Materie wird an den Polen von der Schwerkraft mit der Beschleunigung von 9,83 Meter pro Quadratsekunde zum Boden gezogen, am Äquator ist die Schwerkraft mit 9,78 Meter pro Quadratsekunde etwas kleiner. Die so genannte »Normalschwere« von 9,81 Meter pro Quadratsekunde, die Formel für die Erdbeschleunigung also, die wir in der Schule im Physikunterricht gelernt haben, wurde für die Oberfläche eines Ellipsoids berechnet, eines mathematischen Körpers, der der tatsächlichen Form der Erde am ähnlichsten ist, ihm aber in Wirklichkeit nicht in einem absolut vollkommenen Sinn entspricht.

Fliehkraft und Schwere duellieren sich

Aber all das ist erst die halbe Wahrheit. Ebenso bedeutsam für die Massenverteilungen auf der Erde ist neben der Schwerkraft nämlich die von der Erddrehung hervorgerufene Fliehkraft. Sie wirkt am Äquator am stärksten und an den Polen am geringsten, wie bei einem Karussell: In seinem Mittelpunkt kann man stehen, ohne sich festhalten zu müssen, am Rand tut man gut daran, nach Halt zu suchen, wenn man nicht herausgeschleudert werden will. Sollte der Fall eintreten, dass jemand am Äquator stünde und die Gravitation plötzlich aufhörte zu wirken, dann würde dieser bedauerliche Mensch mit unfassbarer Geschwindigkeit ins Weltall geschleudert werden, denn die Fliehkraft beträgt hier 0,03 m/s^2, während sie an den Polen nahezu bei null liegt. Das kann aber zum Glück nicht passieren, denn Gravitation ist eine zuverlässige Grundeigenschaft jeder Masse. Der Mensch »klebt« also auf der Erde, weil die Gravitation immer viel stärker wirkt als die ihr entgegengesetzt wirkende Fliehkraft. Und mit uns können auch die 1,386 Milliarden Kubikkilometer Wasser auf der Erde »festgehalten« werden und dem Wechselspiel der verschiedenen Kräfte folgen, so dass am Ende die wunderbare »Potsdamer Erdkartoffel« herauskommt.

Wie viel Masse liegt unter unseren Füßen?

Und dennoch erklären das Wirken der Schwerkraft und der Fliehkraft noch nicht vollständig, warum der Ozean Beulen und Dellen hat. Zwischen dem tiefsten Punkt der Meeresoberfläche südlich von Indien und dem höchsten im nördlichen Atlantik liegen immerhin an die 200 Meter. Diese Unregelmäßigkeiten sind völlig willkürlich und folgen keinem geometrischen Muster. Warum nicht?

Rufen wir uns noch einmal Newton in Erinnerung. Er hatte entdeckt: Die Stärke der Gravitation ist von der Größe der Masse abhängig. Je mehr Masse, desto mehr Anziehungskraft. Wenn wir nun berücksichtigen, dass die Erdkruste und auch die Schmelze darunter nicht homogen sind, sondern sich aus völlig unterschiedlichen Gesteinen mit unterschiedlichen Dichten aufbauen, dann deutet sich ein dritter Aspekt an, der für die verbeulte Erde verantwortlich ist: Schon der grundlegende Unterschied zwischen ozeanischer und kontinentaler Erdkruste spielt eine wichtige Rolle für die Gravitation und zahlreiche damit zusammenhängende Prozesse. Die ozeanische Kruste ist mit 2,9 – 3,0 Gramm pro Kubikzentimeter dichter als die kontinentale Erdkruste mit etwa 2,7 Gramm pro Kubikzentimeter. Dafür ist die kontinentale Kruste mit durchschnittlich 35 Kilometer Stärke recht mächtig (unter hohen Gebirgen bis zu 80 Kilometer), während die ozeanische Kruste mit nur fünf bis acht Kilometern wesentlich dünner ist. Das heißt: An verschiedenen Punkten der Erde liegen unterschiedliche Materialien mit unterschiedlichen Dichten und damit unterschiedlich viel Masse unter unseren Füßen. Die Gravitation als direkte Funktion der Masse variiert darum an verschiedenen Orten der Erde. Gut vorstellen können wir uns das anhand von Eisen- oder Manganerzen, die beispielsweise eine viel höhere Dichte haben als Kalksteinablagerungen. Daraus resultieren Kräfteunterschiede an der Erdoberfläche wie auch lokale und regionale Schwereabweichungen. Das Wasser folgt diesen Kräften: Wo mehr Masse im Untergrund lagert und die Gravitation stärker ist, türmen sich Wasserberge auf, umgekehrt bilden sich Dellen, wo die Anziehung am geringsten ist.

Die Panne mit der Normalnull

Zwischen diesen Bergen und Dellen liegt irgendwo das, was wir mit NN abkürzen, der »normale Meeresspiegel« also, den wir brauchen, wenn wir z.B. angeben wollen, wie hoch eine Sturmflut kommt oder wie hoch ein Ort liegt. Aber dieses NN hat seine Tücken! Denn: Was ist der normale Meeresspiegel überhaupt, wenn wir jetzt wissen, dass nichts »normal ist«? Bei einem Brückenbauprojekt zwischen Deutschland und der Schweiz machte sich das auf den ersten Blick vielleicht theoretisch erscheinende

Problem auf unangenehme Weise bemerkbar. Deutschland legt das Niveau der sogenannten *Normalhöhennull* an der Nordsee in Amsterdam fest, die Schweiz benutzt hingegen als *Standard-Nullpunkt* das durchschnittliche Niveau des Mittelmeeres in Triest in der nördlichen Adria. Die letztere »Normalnull« ist allerdings um 27 Zentimeter höher als jene in Amsterdam. Den Planern der Brücke war dies selbstverständlich bekannt, doch kam es zu einem trivialen Denkfehler: Statt die 27 Zentimeter abzuziehen wurden sie dazugerechnet. Die Brücke kam im Frühjahr 2004 darum auf der deutschen Seite 54 Zentimeter zu tief an ...

Das jahrhundertealte »Normalnull« (NN) wurde allerdings ohnehin schon 1992 in den Ruhestand geschickt, weil man längst erkannt hatte, dass die Dinge noch viel komplizierter sind, als sie es ohnehin immer schon waren. Das Satellitenzeitalter mit seinem Global-Positioning-System (GPS) war angebrochen, und man wusste, dass Unterschiede im Erdschwerefeld sich auch auf die Verteilung der Wassermassen auswirken und den Meeresspiegel prägen. Man hat all das berücksichtigt, das Geoid (die verbeulte Kartoffel) als Bezugsfläche genommen und eine moderne »Normalhöhennull« (NHN) geschaffen. Sie wird den präzisen Messungen der Gegenwart gerecht und dient als Basis für das Deutsche Haupthöhennetz und das *United European Levelling*.

Und so werden die Beulen und Dellen im Ozean erst allmählich verständlicher: An den Mittelozeanischen Rücken, wo sich neue ozeanische Kruste bildet, sammelt sich flüssiges Gesteinsmaterial aus dem Erdmantel. Eine Massenansammlung von Materie mit hoher Dichte ist die Folge; viel Masse bedeutet viel Gravitation, das Wasser wird angezogen und Wasserberge türmen sich auf.

Mittelozeanische Rücken haben eben extreme Schwerewerte. Diesem Zustand genau entgegengesetzt ist das »Loch« südlich von Indien: Die Indische Platte drückt nach wie vor mit der hohen Geschwindigkeit von 1,25 Zentimeter pro Jahr auf die Eurasische Platte und lässt den Himalaja entstehen. Südlich von Indien ist die Erdkruste daher ausgedünnt, ein Massendefizit im Erdmantel führt zu weniger Gravitation und eine Delle im Ozean ist die Folge.

In Erklärungsnöte geraten die Erdwissenschaftler allerdings bei der gravimetrischen Beule rund um Neuguinea. Diese ist fast ebenso hoch wie jene im Nordatlantik – und wir haben keine Ahnung, warum das so ist.

UNGEHEUER GIBT ES NICHT, MONSTER SCHON

Riesenwellen lassen Kapitäne beten

So sicher wie auf einem Schiff ist man nirgendwo.

Reinhard Pöpke, Offizier an Bord der »München«, des Flaggschiffs der Hapag-Lloyd, das am 12. Dezember 1978 im Nordatlantik von einer Monsterwelle verschluckt wurde.

In den Erzählungen von Seeleuten existieren sie schon lange: Der *Kaventsmann*, eine gewaltige Einzelwelle, die aus dem Nichts kommt und die normale Wellenhöhe um ein Vielfaches überschreitet, sowie die *Drei Schwestern*, drei kurz aufeinander folgende deutlich höhere Wellen, oder die *Weiße Wand*, eine äußerst steile, fast senkrechte Welle, die mitunter mehrere Kilometer breit sein kann. Doch waren die Schrecken, von denen diese Männer berichteten, nicht einfach nur Seemannsgarn? Übertriebene Erzählungen von Seeleuten, die in der menschenleeren Isolation der See zu viel Zeit allein mit ihren Fantasien verbrachten und Erlebnisse zu Abenteuern aufbauschten, so dass aus Seelöwen Meerjungfrauen wurden und aus großen Wellen eben alles verschlingende Monster?

Aus den Logbüchern des Schreckens

»Ich habe den Atem Gottes gespürt.« Als Kapitän Heinz Aye am 22. Februar 2001 diesen Satz in das Logbuch des Kreuzfahrtschiffes »Bremen« notierte, war schon länger klar, dass die Erzählungen der alten Seefahrer nicht ihrer Fantasie entsprungen waren. Es gab sie, die Monsterwellen, und eine 35 Meter hohe Wasserwand hatte sein Schiff getroffen, die Fenster der Brücke eingedrückt und diese geflutet. Er und sein 1. Offizier waren nur knapp mit dem Leben davongekommen. Einige Jahre zuvor, am 11. September 1995, hatte es eines der berühmtesten Schiffe der Welt, die Queen Elizabeth II., bei einer Atlantikfahrt nach New York erwischt. »Wir sahen eine weiße Riesenwelle auf uns zurollen. Es sah aus, als steuerten wir auf die Kreidekliffs von Dover zu«, berichtete Kapitän Ronald Warwick. Auch hier wurde die 29 Meter hoch gelegene Kommandobrücke des Schiffes überspült. In beiden Fällen blieben die Schiffe intakt, und Besatzung und Passagiere kamen mit einem riesigen Schrecken davon.

Anderen erging es schlimmer. Im Juli 1909 verschwand vor Südafrika der britische Dampfer »Waratah«, 211 Menschen blieben verschollen. Die »Majestic«, eines der größten Schiffe seiner Zeit, stieß 1934 im Nordatlantik mit einer Monsterwelle zusammen. Der Kapitän, der sich auf der 30 Meter über dem Meeresspiegel gelegenen Kommandobrücke aufhielt, wurde schwer verletzt. 1966 war der Luxusliner »Michelangelo« auf dem Atlantik nach New York unterwegs. Als der Ozeanriese am Ende der Reise an der Freiheitsstatue vorbeifuhr, waren drei Menschen tot, viele verletzt und das riesige, über 270 Meter lange Schiff massiv beschädigt. Die Crew berichtete von einer etwa 25 Meter hohen Einzelwelle, die es mitten auf dem Atlantik im Sturm getroffen hatte.

Und im Dezember 1978 verschwand der deutsche Frachter »München« in einem schweren Sturm im Nordatlantik. Obwohl eine riesige Suchaktion gestartet wurde – 110 Schiffe und 13 Flugzeuge durchkämmten das Gebiet um die letzte vermutete Position des Schiffes weitflächig und über mehrere Tage hinweg –, fand man nur wenige Frachtstücke, ein paar ölverschmierte unbenutzte Rettungsinseln und die Reste eines Rettungsbootes. Die Bolzen, mit denen das Boot in 20 Metern Höhe an den Davits gehangen hatte, waren vollständig verbogen: Ein gewaltiger Brecher musste die Aufbauten, die sich bei diesem Bautyp im vorderen Bereich des Schiffes befanden, getroffen und diese samt Kommandobrücke förmlich abrasiert haben.

Diese Aufzählung lässt sich bis in jüngste Zeit fortsetzen: Im Herbst 2002 traf es den Tanker »Prestige«. Manövrierunfähig lief das Schiff auf Grund. Es kam zu einer Ölpest an der europäischen Atlantikküste. Im Januar 2005 wurde die »Explorer« mit 650 Studenten an Bord im Nordpazifik getroffen, im Februar 2005 die »Voyager« im Mittelmeer bei der Insel Menorca. Die »Norwegian Dawn«, ein 300 Meter langes Kreuzfahrtschiff, kollidierte im April 2005 im Atlantik nahe Florida mit einer Welle von mindestens 21 Metern Höhe. Und im November 2006 zerstörte eine wenigstens 20, vermutlich eher 25 Meter hohe Welle ein 15 Meter hoch gelegenes Deck der Forschungsplattform »Fino« 45 Kilometer nördlich von Borkum in der Nordsee. »So eine Welle hätte ich noch vor wenigen Jahren in der Nordsee nicht für möglich gehalten«, erklärte Wolfgang Rosenthal, Mitarbeiter der Gesellschaft für Sicherheit im Seeverkehr.

Monsterwellen – gut vermessen und gar nicht selten

Riesenwellen aber, das wissen wir heute, können überall entstehen, im rauen Nordatlantik ebenso wie im Mittelmeer oder auf der Nordsee.

Seit dem letzten Jahrzehnt des 20. Jahrhunderts finden sie, nicht zuletzt, weil auch Bohrplattformen Opfer von Monsterwellen wurden, größere Aufmerksamkeit in der Ozeanografie, wobei verbesserte Messtechniken Erstaunliches ans Licht bringen. Je mehr wir über die *rogue waves* wissen, desto klarer wird z.B., wie häufig sie tatsächlich vorkommen. Unter 3,9 Millionen Wellen, das hat man in einer Untersuchung vor der brasilianischen Küste festgestellt, waren 442 Riesenwellen. »Monsterwellen treten deutlich häufiger auf als bisher gedacht«, stellen Anne-Karin Magnusson vom Norwegian Meteorological Institute in Bergen und Mark Donelan von der University of Miami dann auch fest. Sie müssen es wissen, denn sie werteten von Lasersensoren erfasste Messdaten norwegischer Ölbohrplattformen auf dem Ekofisk Ölfeld aus. Hier wird seit 2003 die Wellenhöhe an den Förderanlagen von vier Lasern fünfmal pro Sekunde erfasst. Allein am 9. November 2007 wurden während eines Sturms 13.535 Wogen ausgewertet. Eine davon erreichte unter Fachleuten Berühmtheit: Die sogenannte »Andrea-Welle« war eine der steilsten jemals gemessenen Wogen. Von der Basis bis zum Scheitel war sie knapp 21 Meter hoch, 100 Meter breit und 64 Kilometer pro Stunde schnell. Und »Andrea« ist nicht allein: »Über jeden Flecken See rollt einmal in drei Wochen eine steile Monsterwelle«, stellt die Studie fest. Etwas zurückhaltender urteilt das Deutsche Zentrum für Luft- und Raumfahrt (DLR), das ebenfalls Jagd macht auf Monsterwellen. Mithilfe von Radarsatelliten tasten die Mitarbeiter die Oberfläche des Ozeans ab. Ihr Ergebnis: Weltweit erheben sich pro Woche zwei bis drei extrem hohe Wasserwände aus dem Meer.

Um die Entwicklung von Monsterwellen und ihre Verbreitung besser zu verstehen, wurde das EU-Projekt »MaxWave« ins Leben gerufen: Mehrere Satelliten umrunden die Erde und zeichnen die Wellen der Ozeane auf. Auch Bohrtürme und Bohrplattformen sind mit modernen Messgeräten ausgestattet, die Wellen erfassen. Mithilfe dieser Technik ist es heute möglich, Wellenprognosen und Wellenkarten zu erstellen und so die Schifffahrt vor den *rough waves* wenigstens zu warnen. Prognosen, die noch vor kurzem undenkbar waren.

Wellen verstehen

Wie aber entstehen solche Riesenwellen? Gymnasiale Lehrbücher der Physik sagen, dass eine Welle eine sich räumlich ausbreitende Veränderung, Störung oder Schwingung einer orts- und zeitabhängigen physikalischen Größe ist. Man unterscheidet mechanische Wellen, die an ein Medium wie eben Wasser gebunden sind, und andere, elektromagnetische, die sich auch im Vakuum ausbreiten können. Eine Welle transportiert Energie, jedoch keine Materie, auch wenn man bei der Beobachtung von Wasserwellen einen anderen Eindruck hat. Wer schon einmal im Wellengang geschwommen ist, weiß, dass man erst auf der brechenden Welle surfen kann, nicht aber im Auf und Ab der Kämme.

Wellen, die senkrecht zur Ausbreitungsrichtung schwingen, nennt man *Transversalwellen*, die kleinen, winzigen Wellen, die bei ganz ruhiger See bei einer sanft einsetzenden Brise die Wasseroberfläche kräuseln, *Kapillarwellen*. Bei ersteren kann man Länge, Höhe und Frequenz messen, bei letzteren ist es die Oberflächenspannung des Wassers, die ihre Eigenschaften und Ausbreitung prägt. Doch wenn der Wind anhält, findet er in diesen Miniwellen Angriffsfläche und türmt immer höhere Berge auf. Irgendwann wird so viel Masse auf und ab bewegt, dass der Einfluss der Schwerkraft zu wirken beginnt: Bei allen etwas größeren Wasserwellen haben wir es bereits mit *Schwerewellen* zu tun. Ihre Ausbreitung wird durch die Schwerebeschleunigung angetrieben.

Wir meinen nun gerne, dass eine »ideale Wasserwelle« einer Sinuswelle gleichkommt, doch haben bei einer Welle Wellenberg und Wellental nicht dieselbe Form: Der Wellenberg ist kürzer und steiler als das Wellental. Und auf dem Kamm der Wellenberge zeigt sich noch ein anderes interessantes physikalisches Phänomen: Wellen bewegen keine Materie und doch bewegen sich Wellenkämme offensichtlich nach vorne. Unter dem Einfluss starken Windes überschlagen sie sich sogar. Im offenen Ozean sieht man dann bei Stürmen auch Brecher, die sonst nur an der Küste vorkommen, wenn die Wellenenergie beim Auftreffen auf das Land gebremst wird. Tatsächlich bewegt sich das Wasser auf den Kämmen von Wellen kurz »nach vorne«. Doch kommen die Teilchen auch wieder zu ihrem Ausgangspunkt zurück, weil sie sich längs zur Ausbreitungsrichtung auf Kreisbahnen bewegen. Auf dem Wellenkamm geht es nach vorne, dann hinunter und dann unten wieder zurück. Die Welle selbst wandert weiter, während ihre Träger ständig im Kreis rotieren. Wie aber werden aus normalen Wellen *Freak Waves*?

Zu Beginn der Riesenwellenforschung fand man heraus, dass in Gebieten, in denen »normale Wellen« auf Meeresströmungen und Wasserwirbel treffen, besonders häufig Monsterwellen auftreten, so am Agulhasstrom an der Südostküste von Südafrika und am Golfstrom im Nordatlantik. Wenn eine langsame Welle von einer oder mehreren schnelleren eingeholt wird, könnten sich die Wogen zu einem wahren Wasserberg addieren, vermutete man.

Zwischenzeitlich haben die Physiker diese Theorien weiterentwickelt: Zwei Wellenberge können auf eine besondere Weise aufeinandertreffen und sich dabei in einer »konstruktiven Interferenz« zu einer Welle mit doppelter Höhe vereinen. Hinzu kommen sogenannte »nichtlineare Effekte«, die die Wellenhöhe um zusätzliche 15 bis

20 Prozent vergrößern können. Was gemeint ist, macht vielleicht folgendes Beispiel etwas deutlicher: Wenn man die Wasserstrahlen aus zwei Wasserschläuchen kreuzt, gibt das eine Riesensauerei. Die beiden Wasserstrahlen durchdringen sich nicht einfach wie elektromagnetische Wellen in Form von Licht, vielmehr spritzt das Wasser am Treffpunkt in alle Richtungen davon. Ein nichtlineares Phänomen. Nicht anders ist es bei Wasserwellen, nur können wir uns das Chaos, das hier entsteht, weniger gut vorstellen. Offenbar ist es aber so, dass zwischen diesen beiden sich begegnenden Wellen viel passiert. Wie ein Parasit entzieht die eine Welle der anderen die Energie, saugt sie regelrecht leer. Für einige Augenblicke konzentriert sich die Energie in einer Riesenwelle, um im nächsten Moment wieder in der Umgebung »auseinanderzulaufen«. Eine Riesenwelle hat dann keinen langen Bestand, sondern ist sozusagen nur ein kurzer Moment im Sturmgeschehen. Möglicherweise spielen aber auch noch andere Phänomene für das Entstehen von Riesenwellen eine Rolle. Kaltlufteinbrüche (auf Satellitenbildern erkennt man sie als charakteristische ringförmige Zellen) können Monsterwellen hervorrufen, vermuten die Forscher. In diesen Zellen fallen kalte Luftpakete schnell auf die Meeresoberfläche und führen zu hohem Seegang. Wenn sich die Zelle aber bewegt, und zwar in etwa so schnell wie der Seegang, treibt es die See sozusagen vor sich her: Monsterwellen türmen sich auf.

Wie der Ozean tötet

Besteht heute an der Existenz von Monsterwellen kein Zweifel, so haben wir noch immer nicht genau verstanden, wie sie entstehen – es sei denn, die Welle hat einen bestimmten Namen: Tsunami. Auch bei dieser Welle werden enorme Mengen Energie durch Wasser als Medium übertragen: Während Monsterwellen aber ein (überwiegend) durch Wind hervorgerufenes Phänomen der obersten Schichten des Ozeans sind, entsteht ein Tsunami in der Regel durch plötzliche Bewegungen des Meeresbodens bei Erd- bzw. Seebeben, Vulkanausbrüchen oder Abrutschen eines Bodenhanges unter Wasser. Die gesamte Wassersäule über diesem Phänomen am Boden kann dadurch einen Energiestoß übernehmen, der sich auf offener See aber kaum bemerkbar macht. Wir könnten mit einem Ruderboot über den schlimmsten Tsunami aller Zeiten fahren, solange der Ozean unter uns tief genug ist, es würde uns nicht einmal auffallen. Genau darum tauften japanische Fischer das Phänomen *Tsu-nami,* »Welle im Hafen«. Draußen auf dem Meer bemerkten sie die Welle nicht, dann kehrten sie vom Fischfang in den Heimathafen zurück und fanden alles verwüstet vor. Eine Tsunami-Welle kann Hunderte Kilometer lang sein, doch auf dem offenen Meer vielleicht nur einen Meter hoch. Erst wenn die im Meer transportierte Energie in seichtere Gebiete gelangt, beginnt sich bei Grundberührung die Tsunami-Welle aufzubauen und eine verheerende Energie zu entfalten. Eine riesige Wand kann sich auftürmen und bis weit ins Landesinnere hinein Zerstörung und Tod bringen.

Freunde von mir erlebten einen solchen Tsunami auf den Seychellen im Indischen Ozean. Man schrieb den 26. Dezember 2004. Das berüchtigte Sumatra-Andamanen-Beben mit einer Magnitude von 9,1 versetzte den Indischen Ozean in Schwingung und schickte einen Energieimpuls auf die Reise. Auf der anderen Seite des Ozeans kam die Welle viele Stunden später an. Das befreundete Ehepaar stand im Norden der Insel Praslin an ihrem Lieblingsstrand, dem Anse Lazio. Ein friedliches Paradies im wahrsten Sinn des Wortes. Plötzlich begann sich das Meer zurückzuziehen. Wo eine viertel Stunde zuvor noch Schnorchler unterwegs gewesen waren, um die bunten Rifffische und Baby-Haie des Ozeans zu bestaunen, zappelten diese kurz darauf in den letzten Pfützen, aus denen sie die Leute zu retten versuchten. Kaum jemand wusste damals, welche Gefahr den Menschen droht, wenn sich das Meer plötzlich zurückzieht. Es kam, wie es kommen musste: Der Ozean kehrte mit enormer Wucht zurück. Zum Glück wurden die meisten Menschen am Strand nur in die angrenzenden Sträucher und Mangroven gespült und es gab »nur« drei Tote.

Weiter im Osten waren die Folgen bekanntlich weit schlimmer: Das drittstärkste jemals aufgezeichnete Beben löste einen gewaltigen Tsunami aus, der 230.000 Menschen das Leben kostete, 110.000 weitere verletzte und 1,7 Millionen Küstenbewohner obdachlos machte.

So schrecklich das Ereignis am zweiten Weihnachtsfeiertag 2004 auch war, so harmlos scheint es im Vergleich mit der prähistorischen Zeit. Geologen können Ereignisse dieser Art an der Zusammensetzung und Abfolge von Sedimenten und sogenannten Tsunamiten gut rekonstruieren. Ihre Erkenntnisse überfordern unsere Vorstellungkraft: Tsunamis mit Höhen von 300 bis 400 Metern trafen auf verschiedene Küsten – so etwa vor 110.000 Jahren auf Hawaii oder vor grob 8.000 Jahren auf die norwegische Küste. Damals brachen bei der sogenannten Storegga-Rutschung geschätzte 2.800 Kubikkilometer Material den Kontinentalschelf hinunter, ins Meeresbecken vor Norwegen, was einen Tsunami verursachte, der zu unvorstellbaren Zerstörungen in der gesamten Region führte. Durch dieses Ereignis wurden die Britischen Inseln nach der letzten Kaltzeit endgültig wieder vom europäischen Kontinent getrennt.

Und irgendwann im 16. Jahrhundert v. Chr. (die genaue Datierung ist umstritten) ist die heutige Insel Santorin durch eine Vulkanexplosion größtenteils in die Luft geflogen und die heute bei Touristen aus aller Welt so beliebte, vom Meer gefüllte Caldera blieb zurück. Der dadurch ausgelöste Tsunami zerstörte die Küsten der östlichen Mittelmeerregion und die bis zu 60 Meter hohen Wellen leiteten auch den Niedergang der ersten europäischen Hochzivilisation ein, der minoischen Kultur. Berichte über Tsunamis haben sich auch in der antiken Literatur erhalten: Herodot erzählt beispielsweise, dass persische Belagerer im Jahr 479 v. Chr. bei Potidaia von einer riesigen Welle überrascht wurden, nachdem sie sich das unerwartet sich zurückziehende Meer zunutze machen wollten. Doch das Meer kam zurück, und die rettende Flutwelle schrieben die Griechen dem Meeresgott Poseidon zu. Auch Thukydides berichtet bereits mit geradezu wissenschaftlicher Präzision über ein Erdbeben vor Euböa 426 v. Chr. und die darauf nachfolgenden Flutwellen. Und auch Ammianus Marcellinus wusste in seinem Bericht über ein Beben 365 n. Chr., dass sich nach einem solchen Ereignis das Meer zuerst zurückzieht, bevor es mit gewaltiger Macht zurückkommt. Damals traf es Alexandria an der afrikanischen Küste.

Doch genug der dramatischen Seiten des Ozeans, hat er doch auch romantische Aspekte zu bieten. Oder waren Sie bisher etwa der Meinung, dass Wasser blau ist?

WARUM DAS MEER BLAU IST UND ES DENNOCH KEIN »BLAUES MEER« GIBT

Physik und Plankton bekennen Farbe

Gleichzeitig breitete sich eine unglaubliche Ruhe in mir aus, ich fühle mich berührt und reich beschenkt, dass ich das erleben durfte.

Fotografin *Sylvia Knittel* nach dem Ablichten dramatischer ozeanischer Farbstimmungen

In der ersten Juniwoche 2017 rückte Istanbul in den Mittelpunkt des Interesses der Weltpresse – und das diesmal nicht aus politischen Gründen. *Emiliania huxleyi* hatte in der Stadt am Bosporus einen beeindruckenden Auftritt. Noch nie von ihr gehört? Macht nichts, den meisten Menschen dürfte es wie Ihnen gehen. Handelt es sich bei *Emiliania* doch nicht um eine Showgröße oder dergleichen, sondern um eine weltweit verbreitete Mikroalge aus dem marinen Phytoplankton, genauer aus der Gruppe der Coccolithophoren, einer Schlüsselgruppe im Ökosystem Ozean. Diesen winzigen Kalkalgen, die von einer mikroskopisch kleinen Calcit-Scheibe bedeckt sind und sich unter dem Mikroskop als wahre Schönheiten entpuppen, verdanken wir ein Drittel der meeresgebundenen Produktion von Calciumcarbonat. Und das heißt auch: Sie helfen uns, überschüssiges Kohlendioxid aus der Atmosphäre loszuwerden. Dieses wird durch die fotosynthetische Aktivität der Mikroalge biologisch gebunden und »ins Meer entsorgt«. Meeresbiologen bezeichnen diesen Vorgang als die »biologische Kohlenstoffpumpe«, deren Leistungskraft *Emiliania huxleyi* gleich zu 50 Prozent sichert!

Nun können sich unter für die Mikroalge günstigen Bedingungen unfassbare Mengen dieser Organismen entwickeln. Sie vermehren sich explosionsartig, sind dann zu Milliarden in jedem Kubikmeter Wasser zu finden und bedecken schließlich riesige Flächen. Genau das war im Meer vor Istanbul geschehen. Die Farbe des Wassers wechselte von Blau ins Türkis. Selbst aus dem All konnten Satelliten diese Algenblüte beobachten. Bilder der US-Weltraumbehörde NASA zeigen, dass auch weite Teile des Schwarzen Meers in jenen Tagen in dieser ungewöhnlichen Farbe leuchteten. Wie aber kommt das Meer zu seiner Farbe, wenn die Algen nicht gerade massenhaft auftreten?

Wasser ist nicht blau

Reines Wasser an sich ist völlig farblos, was leicht zu erkennen ist, wenn wir ein Glas mit Leitungswasser füllen und auf ein weißes Blatt Papier stellen. Da ist kein Blau zu sehen. Warum erscheint uns aber der Ozean dann oft tiefblau?

Um das zu verstehen, müssen wir uns in die Welt der Physik begeben. Viele Menschen antworten auf die Frage, warum Wasser blau ist, mit dem Hinweis, dass sich doch der blaue Himmel in den Flüssen, Seen und eben auch im Meer spiegele. Das klingt einleuchtend, stimmt auch zu einem gewissen Grad, ist aber als Erklärung physikalisch gesehen nicht erschöpfend. Denn manche Wasserflächen erscheinen auch bei Sonnenschein und blauem Himmel nicht blau. Die Nord- und Ostsee sind häufig eher braun, grau oder grünlich. Manche Gewässer färben sich für kurze Zeit sogar rot. Das offene Meer fernab der Küsten strahlt dagegen oft in einem wunderbaren Blau. Ja, je mächtiger eine klare, saubere Wasserschicht ist, desto tiefer blau erscheint sie, obwohl Wasser, wie wir wissen, völlig transparent und farblos ist. Um das zu verstehen, müssen wir die Physik bemühen, uns mit Wellenlängen beschäftigen und uns dem physikalischen Phänomen der Absorption zuwenden.

Das weiße Tageslicht, das wir wahrnehmen, setzt sich bekanntlich aus »allen Farben des Regenbogens« zusammen, von Violett über Blau, Grün, Gelb, Orange bis hin zu Rot. Wir sehen all diese Farben und das heißt die unterschiedlichen Wellenlängen im Licht so, als ob sie alle »auf einer Welle reiten« würden, gebündelt also, und darum erscheint uns das Licht weiß. Der berühmte Isaac Newton (1643 – 1727), dem wir in diesem Buch gelegentlich schon begegnet sind, hat als Erster bewiesen, dass im weißen Sonnenlicht alle Farben des Regenbogens verborgen sind. Er stellte einem Sonnenstrahl ein Glasprisma in den Weg und sah dahinter einen Regenbogen. Das Prisma wirkte wie die Regentropfen in der Atmosphäre. Während die Regentropfen die Sonne spiegeln und, weil sie mehr oder weniger rund sind, auf ihrer gekrümmten Oberfläche das Licht brechen, zerlegte das Prisma das Sonnenlicht in seine einzelnen Bestandteile aus elektromagnetischer Strahlung mit einer bestimmten Wellenlänge: bei Blau ist die Wellenlänge am kürzesten, bei Rot am längsten.

Wenn nun Licht auf Wasser trifft und in dieses eindringt, passiert allerhand Physikalisches. Das liegt an der molekularen Struktur des Wassers und an dem wilden »Gezappel« der Wassermoleküle. Die beiden Wasserstoffatome und das Sauerstoffatom eines Wassermoleküls sind nämlich nicht starr wie bei einem Molekülmodell aus dem Chemieunterricht, sondern sie schwingen. Und auch die Wasserstoffbrücken zwischen den Molekülen, die sogenannten Cluster, sind instabil.

Die »Anordnung« der Moleküle im Wasser hat darum nur eine Lebensdauer von kleinsten Bruchteilen einer Sekunde. Schon atomar gesehen herrscht also im Wasser ein wildes Durcheinander.

Als Folge all dieser Schwingungen und Bewegungen werden bestimmte Wellenlängen des zusammengesetzten weißen Tageslichts schneller und intensiver »verschluckt« als andere – und schon sind wir beim Phänomen der Absorption angekommen. Das langwellige rote Licht wird mit zunehmender Strecke, die ein Lichtstrahl im Wasser zurücklegt, als Erstes absorbiert. Und so geht es dann weiter. Am Ende sind es nur die kurzen Wellen des blauen Lichtanteils, die die tieferen Schichten eines Wasserkörpers erreichen, von dort reflektiert und von unseren Augen eben als blau wahrgenommen werden. Die Tiefe spielt dabei eine wesentliche Rolle: Ein Wasserglas bietet keine ausreichende Strecke, um die Rotanteile des Lichts herauszufiltern, so dass das Wasser uns hier farblos erscheint.

Jeder Taucher kennt dieses Phänomen. Und die Unterwasserfotografen und Kameraleute erst! Wer versucht, die bunten untermeerischen Wunderwelten im Bild oder im Film festzuhalten, braucht starke Lampen oder Blitzgeräte. Denn schon in wenigen Metern Tiefe beginnen die strahlenden Farben der Korallen, Fische und sonstiger Kreaturen zu verblassen. Mit jedem weiteren Meter in Richtung Meeresboden wird das Licht nur noch blauer, und ein knallroter Fisch erscheint bald undefinierbar bräunlich bis bläulich ... Nur künstliches Licht kann die grellen Farben der Unterwasserwelt wieder auf die Bilder zaubern, die Sie z.B. in diesem Buch sehen.

Und doch gibt es kein »Blaues Meer« ...

Nach diesen Erklärungen über die im Wortsinne tieferen Ursachen für das Blau des Meeres ist es vielleicht überraschend, dass es das Rote Meer gibt, ein Gelbes und Weißes, sogar das Schwarze Meer, aber kein einziges, das »Blaues Meer« getauft wurde. Ein kleiner Exkurs zur Namensgebung der Meere soll darum dieses Kapitel abschließen.

Beginnen wir mit dem Weißen Meer, einem Randmeer des Nordpolarmeeres, das zwischen den Halbinseln Kola und Kanin tief in das Festland des europäischen Russlands eindringt. Es ist mit 90.000 Quadratkilometern recht klein, mit einer mittleren Tiefe von nur 60 Metern auch nicht besonders tief und hat gerade einmal 24 bis 26 Promille Salzgehalt, weil zahlreiche Flüsse in dieses Meer münden, dafür aber einen beträchtlichen Tidenhub von bis zu zehn Metern. Wie es zu seinem Namen kommt, ist nicht schwer zu verstehen: Zwischen Oktober/November und Mai/Juni ist das Weiße Meer von Treibeis, in den Buchten sogar mit Packeis bedeckt. Eisbrecher müssen die Zufahrt zu den Häfen Archangelsk und Belomorsk offen halten.

Leicht nachvollziehbar ist auch die Namensgebung des Gelben Meeres, einem Teilbereich des Chinesischen Meeres und damit ein Randmeer des Pazifischen Ozeans. Der Gelbe Fluss (*Huang He),* der viertlängste Fluss der Welt und die Wiege der chinesischen Zivilisation, und noch einige andere Flüsse bringen Unmengen gelben Schwemmsands ins Gelbe Meer und lagern sie dort ab. So entsteht ein flaches, nährstoffreiches Gewässer, vergleichbar mit der Nordsee, dessen Wattflächen ein bedeutendes Rastgebiet für Watvögel sind. Der Gelbe Fluss hat unter allen großen Flüssen der Erde die höchste Sedimentfracht: 35 Kilogramm pro Kubikmeter Flusswasser.

Wesentlich komplizierter ist die Frage zu beantworten, woher das Schwarze Meer seinen Namen hat. Generell ist sein Wasser ziemlich trüb, was zum Teil dadurch erklärbar ist, dass große Flüsse, darunter die Donau, viel Sediment ins Meer bringen. Hinzu kommt ein ozeanografisches Phänomen: Der Wasserkörper des Schwarzen Meeres ist »starr« geschichtet. Nur die obersten 100 Meter enthalten Sauerstoff und damit höheres Leben. Darunter befindet sich das Reich der Sulfat reduzierenden (sulfidogenen) Bakterien, die Sulfat zu Schwefelwasserstoff verstoffwechseln. Dieses bildet zusammen mit Eisenionen Eisensulfide. Allerdings: Wenn der Himmel einmal strahlend blau ist, erlebt man auch das Schwarze Meer mehr oder weniger als blau. Es müssen also andere Gründe für diese Namensgebung existieren – und diese sind wahrscheinlich historischer Natur.

In der Antike haben die Griechen in der Schwarzmeerregion Häfen und Handelszentren gegründet, und das, obwohl sie vom *Póntos axeinos*, vom ungastlichen, düsteren und dunklen Meer sprachen. Vielleicht, weil sie sich nach den lichtüberfluteten Inseln der Heimat sehnten? Viel später kamen die kolonisierenden Venezianer und Genueser, die wie die Griechen vor ihnen gute Geschäfte machten und das Gewässer *Mare Maggiore* nannten, Großes Meer. Die Türken machten *Kara Deniz* daraus, doch kann *kara* nicht nur »groß« bedeuten, sondern auch finster oder trüb. Die Bulgaren, Russen und Ukrainer interpretierten es wohl nur noch als schwarz und nannten es *Tschornoje morje*.

Und ein weiterer Aspekt kommt hinzu: Die Osmanen hatten für die Himmelsrichtungen eine eigene

Farbenlehre. Sie haben sie von den Völkern des Nahen Ostens übernommen, und diese wiederum von einem aus dem alten China stammenden Farbschema. Rot stand für Süden, Blau für Osten, Schwarz war der Norden und Weiß der Westen. Da nun das Meer im Norden ihres Einflussgebietes lag, war es naheliegend, dass die Osmanen vom Schwarzen Meer sprachen. Die Ägäis lag für sie im Westen, und noch heute sprechen Bulgaren, Serben und Makedonier vom »Weißen Meer«, wenn sie das Mittelmeer meinen.

Diese alte Farbenlehre böte auch schon eine Erklärung für den Namen des Roten Meeres im Süden. Doch so einfach ist es nicht. Denn *Bahr el Ahmar*, wie es auf Arabisch heißt, hat mehrere Namen, und schon lange vor den Osmanen wurde es mit der Farbe Rot in Zusammenhang gebracht. Vielleicht, weil die roten, eisenoxidhaltigen Felsen an den Küsten des Meeres besonders in den Abendstunden schön rot schimmern und durch Reflexion auch die Meeresfläche rot erscheinen lassen? Phönizische Seefahrer haben den Namen vielleicht aufgrund dieser schlichten Wahrnehmung vergeben, aber sicher ist das nicht. So lebte am südlichen Ende des Roten Meeres im heutigen Jemen seit dem 5. Jahrhundert v. Chr. das Volk der Himyar, das im ersten vorchristlichen Jahrhundert zu einer regionalen Macht erstarkte. Der Name dieses Volkes ist von *chumr* abgeleitet, was Rot bedeutet. Das Meer der Himyaren im Süden war also zugleich das Meer der Roten, die den Seehandel am südlichen Ausgang des Meeres kontrollierten.

Bereits antike Autoren wie Herodot, Strabo, Agatharchides und andere zeigen, dass man sich schon damals über den Namen des Meeres Gedanken machte. Letzterer schrieb sogar eine Abhandlung »Über das Rote Meer«, die aber zum Leidwesen aller Liebhaber dieses Meeres nicht erhalten geblieben ist. Das altgriechische *erythros* für »rot« kommt in diesem Zusammenhang bereits seit alter Zeit vor. Das Land südlich von Ägypten nannte man Erythraia, und auch hier findet man die Rotfärbung der dortigen Erde und mancher Gesteine im Namen wieder. Von Erythraia abgeleitet nannte man das vorgelagerte Meer das Erythräische. Diesen Namen übernahmen später auch die Römer.

Aber vielleicht ist es am Ende ein biologisches Phänomen, ähnlich dem, das wir am Anfang dieses Kapitels kennengelernt haben, das dem Meer seinen Namen gab: Manchmal vermehren sich Mikroben und Einzeller in Folge einer Überdüngung des Wassers vor allem durch Phosphat so stark, dass sie durch ihre Pigmente ganze Meeresbereiche einfärben. Je nach Pigment kann das Meer dann grün, bläulich oder eben auch rot sein. *Trichodesmium erythraeum*, eine Cyanobakterie, gewöhnlich Blaualge genannt, könnte ein solches Phänomen hervorrufen. Christian Gottfried Ehrenberg (1795 – 1876), Professor an der Friedrich-Wilhelm-Universität Berlin, Begründer der Mikrobiologie und unter anderem auch ein Pionier der Erforschung des Roten Meeres, schrieb: »Im Jahre 1823 war ich auf mehrere Monate am Roten Meere bei Tor in der Nähe des Berges Sinai. Am 10. Dezember hatte ich daselbst die überraschende Erscheinung der blutigen Färbung der ganzen Meeresbucht, welche den Hafen bei Tor bildet. Das hohe Meer, außerhalb des den Hafen schließenden Korallenriffs, war farblos wie gewöhnlich. Die kurzen Wellen des ruhigen Meeres führten beim Sonnenschein des Tages eine blutrote schleimige Masse ans Ufer und setzten sie im Sande ab, so dass die ganze Bucht eine gute halbe Stunde lang zur Ebbezeit einen mehrere Fuß breiten, blutig roten Saum bekam.«

So kann es selbst im Roten Meer, das zu den nährstoffärmsten der Welt gehört, eine explosionsartige Vermehrung von Leben geben. Und damit sind wir bei dem, was uns von jetzt an in diesem Buch beschäftigen soll: dem Leben. Es wird Sie nicht überraschen, dass für seine wundersame Entfaltung auf dem blauen Planeten der Ozean die Schlüsselrolle gespielt hat.

DIE MEERE UND DER URKNALL DER EVOLUTION

Was geschah bei der kambrischen Explosion?

Die Fülle der fossil erstmals überlieferten Tierstämme im unteren Teil des Kambriums ist zu groß, um durch evolutionäre Szenarien erklärt werden zu können.

Reinhard Junker, genesisnet.info,
die Webseite liefert nach eigenen Angaben neue Beobachtungen, um den Absolutheitsanspruch der Evolutionstheorie zu brechen

Überraschend einvernehmlich gehen Wissenschaftler davon aus, dass sich vor 13,7 Milliarden Jahren der Urknall ereignete, dass Sonne und Erde vor etwa 4,6 Milliarden Jahren entstanden und dass es auf der Erde auch schon in erdgeschichtlich früher Zeit Ozeane gab, in denen sich bald Leben regte. Wahrscheinlich ist es bereits an die vier Milliarden Jahre alt oder nur wenig jünger.

Und so unterschiedlich Bakterium und Blauwal auch sein mögen: Alles Leben auf der Erde ist doch miteinander verwandt und hat sehr wahrscheinlich nur einen einzigen gemeinsamen Ursprung. Genau darum teilen wir Menschen, die sich selbst als »Krone der Schöpfung« betrachtende Spezies, 70 Prozent unseres Erbguts mit Meeresschwämmen (Porifera), was vor wenigen Jahren australische Forscher an Schwämmen aus dem *Great Barrier Reef* gezeigt haben. Wir haben also entfernte Verwandte auf dem Meeresgrund!

Evolutionsgeschichtlich betrachtet ist das nicht verwunderlich: Die Urozeane waren das erste Versuchslabor der Evolution. Landlebensräume sollten im Drama des Lebens noch längere Zeit keine besondere Rolle spielen und auch in den flachen Regionen der Ozeane war die ultraviolette Strahlung der Sonne für die Entwicklung von Leben zu hoch. Denn eine schützende Ozonschicht und eine sauerstoffhaltige Atmosphäre gab es in der Frühzeit der Erde nicht, und so konnte sich das Leben nur in Räumen entwickeln, die uns heute wie die Vorhallen zur Hölle erscheinen. Hydrothermale Quellen in der Tiefsee waren wohl die ersten Plätze, an denen sich Leben regte. Aus Spalten in der Erdkruste sprudelte hier kochend heißes Wasser mit mehreren 100 Grad Celsius in die kalte Tiefsee. Solche Stellen hatten und haben noch heute ein ungeheures Potenzial an chemischer Reaktivität. Und wie wir heute beobachten können, dass es an diesen Stellen überraschend viel Leben gibt, so dürfen wir vermuten, dass es hier auch entstanden ist.

Vielleicht zuerst in der winzig kleinen Form, wie wir sie heute als Archaeen kennen. Archaeen sind wahre Meister der Anpassung. Viele können an extremen Standorten mit sehr hohen oder auch sehr niedrigen Temperaturen leben, hohe Salzgehalte machen ihnen nichts aus, aber Sauerstoff vertragen sie oft nicht. Hinzu kommt, dass diese Mikroorganismen ohne Zellkern so winzig sind, dass sehr viele von ihnen in einem Bakterium Platz finden würden. Die kleinsten Vertreter der Gattung *Nanoarchaeum* messen gerade 0,4 Mikrometer (1 µm = 0,001 mm). Eifrige Biologen haben berechnet, oder sagen wir ehrlicher geschätzt, dass es in den Ozeanen etwa $1{,}3 \times 10^{28}$ Archaeen gibt. Und sie in bestimmten – vor allem extremen – Lebensräumen bis zu 90 Prozent aller vorhandenen Lebewesen ausmachen. Offenbar spielen sie eine entscheidende Rolle beim Stickstoff-, Kohlenstoff- und Schwefelkreislauf auf der Erde. Bei den ältesten fossil nachgewiesenen Lebewesen handelt es sich um fadenförmige Zellen von Cyanobakterien: 3,5 Milliarden Jahre alte Überreste wurden in Kieselgesteinen Westaustraliens gefunden. Auch ihnen fehlt, wie den Archaeen, ist der Zellkern.

Erst vor etwa 2,1 Milliarden Jahren traten, das zeigen ebenfalls Fossilienfunde, die ersten Eukaryoten auf, Organismen also, die wie wir und anders als die Archaeen und Bakterien in ihren Zellen einen echten Zellkern mit Erbsubstanz besitzen. Diese Veränderung war die Voraussetzung zur Bildung »höheren« Lebens. Wie aber kam es, dass dieses die Erde so rasch und so vielfältig in Besitz nahm? Machen wir einen Zeitsprung um 1,5 Milliarden Jahre.

Die Explosion des Lebens als göttlicher Schöpfungsakt?

Manche meinen, dass mithilfe evolutionärer Szenarien jenes Wunder, das sich nach dem Beginn des Kambriums in etwa 60 Millionen Jahren abspielte, nicht erklärbar sei. Es sei unmöglich, dass sich in dieser erdgeschichtlich kurzen Zeit die Fülle des Lebens ohne das übernatürliche Eingreifen eines göttlichen Schöpfers entwickelt habe. Als *Kreationismus* bezeichnet man diese Theorien, die meinen, in der Entwicklung des Lebens einen Schöpferwillen am Werk zu sehen, der mithilfe von *intelligent design* die bunte Vielfalt des Lebens Wirklichkeit werden ließ.

Tatsächlich ist die kambrische Explosion des Lebens ein verstörendes Ereignis, das nicht leicht zu erklären ist. So gibt der (Evolutions-)Biologe Michael Lee vor wenigen Jahren in einer Studie zu: »Dieser simultane Ausbruch von Leben aus wenigen oder gar keinen Vorgängern schien mit Darwins Theorie der schrittweisen Evolution durch natürliche Selektion in Konflikt zu stehen.« Es scheint, als sei in dieser Zeit das Leben selbst »explodiert«. Gewaltige Evolutionsschübe setzten ein, ein regelrechter Evolutionssturm fegte über den Ozean.

Die ruhige Welt des Präkambriums ohne Raubtiere, voller Plankton und langweiliger »Vegetarier« wurde ordentlich durcheinandergewirbelt. Die Evolutionsrate schnellte auf das Fünffache des bisher Üblichen. Es entstanden nicht nur neue Arten, sondern gleich völlig neuartige Baupläne. Entwicklungen, die sonst 100 Millionen Jahre in Anspruch genommen hätten, vollzogen sich nun innerhalb von »nur« 20 Millionen Jahren. Nahezu gleichzeitig entwickelten sich die ersten Vertreter fast aller heute noch bekannten Tierstämme – und das in einem Zeitraum von nur wenigen Millionen Jahren. Warum passierte das? Und: Wie hängen die Welt »davor« und die Welt »danach« zusammen?

Ediacara-Fauna: Die friedliche Ozeanwelt des Präkambriums

Ganz so aus dem Nichts ist die plötzliche Vielfalt im Kambrium aber doch nicht entstanden. Das ihm vorangehende Erdzeitalter, Ediacara (vor 635 – 541 Millionen Jahren) genannt, hatte seine eigene verblüffende Fauna, deren Fossilien ursprünglich in Gesteinsschichten Australiens entdeckt wurden, mittlerweile aber auf fast allen Kontinenten nachgewiesen werden konnten. Man könnte also meinen: Gut, dann hat sich die Vielfalt der Tiere nach der Kambrischen Explosion eben aus dem einfacheren Leben davor entwickelt. Allerdings: Bis auf wenige Ausnahmen besaßen die Tierchen »davor« keine Hartteile und auch keine Organsysteme (Augen, Mund, Beinchen u.a.). Wenig später aber schon. Also doch ein Bruch und keine Evolution?

Im Ediacarium scheint sich an der Front des Lebens über lange Zeiträume hinweg nur wenig getan zu haben. Schichten schleimiger Mikrobenmatten bedeckten den Meeresboden, so eine Art »Biofilm«, wie Biologen es heute nennen. Auf diesem organischen Untergrund »grasten« manche rätselhaften Tiere. Einige davon konnten sich wohl schlängelnd fortbewegen, doch wie sie genau lebten und ihre Nahrung aufnahmen, wissen wir nicht. Viele waren auch unbeweglich. Sie lebten als »Filtrierer« oder nahmen gelöste Nahrung über die dünne, membranartige Haut auf.

Charnia wardi ist eines der ältesten Fossilien der Ediacara-Fauna. Die Schichten, in denen man sie findet, werden auf ca. 575 Millionen Jahre datiert. Etwa zur gleichen Zeit tauchten die Vendobionten auf, abgeflachte, nur wenige Millimeter dicke Organismen mit einer fiedrigen Struktur, deren fossile Abdrücke an Fischfilets erinnern. Möglicherweise handelt es sich hier um riesenwüchsige Einzeller, die über einen Meter lang werden konnten. *Kimberella* begeistert die Zoologen als eines der ältesten bilateralsymmetrischen Fossilien. Es wurde an der russischen Weißmeerküste gefunden und auf etwa 555 Millionen Jahre datiert. Kurz vor Beginn des Kambriums vor 550 Millionen Jahren, tauchen die ersten Lebewesen mit Hartteilen auf, einige von ihnen, wie *Cloudina*, konnten bereits wie die späteren Steinkorallen Riffe bilden. Etwa aus gleicher Zeit stammen auch die ersten Funde von winzigen Nadeln – von den Biologen *Spicula* genannt –, die man auch heute noch in Schwämmen findet, womit bewiesen wäre, dass heute lebende Tierstämme nicht »aus dem Nichts« aufgetaucht sind. Dennoch bleibt die Rekonstruktion des Evolutionsverlaufs verwirrend: Laufend werden neue Formen der Ediacara-Fauna entdeckt und wissenschaftlich beschrieben, und damit es die Forscher nicht zu einfach haben, ähnelt ihre Morphologie oft weder heute existierenden Lebensformen noch anderen Ediacara-Organismen.

Sicher ist nur: an der magischen Ediacarium-Kambrium-Grenze sind die größten Veränderungen in der Geschichte des Lebens passiert, Entwicklungen, denen auch wir unsere Existenz verdanken. Denn an dieser Grenze betrat *Pikaia* die Bühne des Lebens, ein Lebewesen des Meeresgrundes, bis zu sechs Zentimeter groß, dessen länglicher Körper durch einen Vorläufer der Wirbelsäule – die Chorda dorsalis – gestützt war. Älter noch sind *Myllokunmingia* und *Haikouichthys*, 530 Millionen Jahre alte, urtümliche kieferlose »Fische«, die bisher ältesten Wirbeltiere überhaupt – sie lebten nur elf Millionen Jahre nach dem Beginn des Kambriums! Was war geschehen?

Die Mär von der Klimastabilität

Heute fürchten wir die Erderwärmung, und das zu Recht. Evolutionsgeschichtlich muss man aber feststellen: Kalte Zeiten haben der Entwicklung des Lebens meistens geschadet, warme Zeiten das Leben dagegen gefördert. So war ausgerechnet zu Beginn des Ediacariums die Erde möglicherweise ein riesiger, vollständig vereister Schneeball! Das könnte einer der Gründe dafür sein, dass sich das Leben damals nicht entfalten konnte, sondern am schleimigen Grund des Ozeans herumrutschte.

Am Beginn des Kambriums aber scheint eine globale Erwärmung eingetreten zu sein, die die Klimaprognostiker der Gegenwart in Angst und Schrecken versetzen dürfte: Die Bodentemperatur lag mit 21 Grad Celsius um sieben Grad über der heutigen. Der atmosphärische Anteil des Sauerstoffs lag im Kambrium bei 12,5 Volumenprozent, was 63 Prozent des heutigen Niveaus entspricht. Der Kohlendioxidwert in der Luft erreichte dagegen das zwölffache des heutigen Wertes, um in der Erdgeschichte nie wieder so hoch zu klettern. Zugleich veränderte sich das Meer: Gletscher schmolzen ab und der Meeresspiegel stieg enorm. Uralte Schichten voller Kalzium-, Eisen-, Kalium- und Siliziumverbindungen wurden abgetragen und gelöst ins Meer geschwemmt. Der Ozean war voller metallischer Ionen und wurde alkalischer. Ein Stressfaktor für die Tiere. Doch auch eine Chance: Das fossile Zeugnis belegt, dass zahlreiche Organismen nahezu gleichzeitig anfingen, Schalen, Skelette und sonstige Hartteile zu bilden.

Und der Sauerstoffgehalt im Meerwasser nahm dramatisch zu: Hatte er im Ediacara-Zeitalter bei ungefähr zwei Prozent des heutigen Wertes gelegen, so stieg er im Kambrium auf fast 20 Prozent des heutigen Wertes. Die Ediacara-Fauna starb aus, die heutige entwickelte sich dafür explosionsartig. Über die nächsten 200 Millionen Jahre erfolgte ein allmählicher, wahrscheinlich aber nicht gleichmäßiger Anstieg des Sauerstoffniveaus in die Nähe des heutigen Wertes.

Herumsitzen und nichts tun wurde zu einem Problem

Das Vorhandensein von Sauerstoff aber machte mehr Bewegung möglich. Wer keine Luft bekommt, kann nicht laufen, wer dagegen genug Luft hat, der hat auch Kondition. Die Evolution nahm jetzt buchstäblich Tempo auf und das auch, weil nun Tiere entstanden, die sich Nahrung aktiv beschaffen konnten.

Das könnte in etwa so ausgesehen haben: Schon 555 Millionen Jahre alte fossile Spuren in Sedimenten deuten auf wurmähnliche Tiere hin, die friedlich auf den mikrobiellen Matten des Meeresgrundes grasten. Dabei hinterließen die Tiere kreuz und quer geschlängelte Bahnen. Im Kambrium verändern sich diese Spuren. Die Windungen werden enger und komplexer. Die Tiere begannen den Meeresgrund dreidimensional zu nutzen, sie stiegen nicht nur auf, sondern bohrten sich jetzt auch in den Meeresboden. Das Phänomen der sogenannten Bioturbation gewann an Bedeutung, wie Biologen das Durchpflügen des Sedimentgrundes durch Lebewesen nennen. Sauerstofflose Schichten gelangten nach oben und reicherten sich mit Sauerstoff an, bisher ungenutzte Nährstoffe wurden greifbar, immer mehr Gruppen eroberten den nun bewohnbaren Grund. Hier fanden sie ihre Lebensnische, Nahrung und Zuflucht vor den immer neuen Fressfeinden, die nun ebenfalls entstanden. Das Leben in ursprünglich zwei Dimensionen wurde nun definitiv dreidimensional. Die fossilen Spuren scheinen zu verraten, dass es bereits Jäger und Gejagte gegeben haben muss, die zu komplexeren Reaktionen befähigt waren. Der Paläobiologe Guy Narbonne von der Queen's University in Kingston meint sogar, dass »die Umgestaltung des Meeresbodens vielleicht die am tiefsten greifende Veränderung in der Geschichte des Lebens auf unserer Erde« war. Besser bohren zu können öffnete das Tor zu einer neuen Welt. Im frühen Kambrium findet man Spuren jener Kreaturen, die sich mehrere Zentimeter tief in das Sediment unter der Matte einzugraben begannen. Andere verließen den Grund und bewegten sich in die Wassersäule oberhalb des Meeresgrundes, wo es mehr Sauerstoff gegeben hat, was wiederum schnelleres Schwimmen möglich machte.

Der radikale Wechsel der Lebenswelt am Meeresgrund hat nach Meinung vieler Forscher ganz wesentlich damit zu tun, dass nun auch Raubtiere auf den Plan traten. Einfach nur so dazuliegen und nichts zu tun, war jetzt keine Option mehr. Das Leben rüstete auf: Die kontrollierte physiologische Verbrennung der Nahrung entwickelte sich und damit Muskeln und Nervensysteme wie auch Waffen zur Jagd und Werkzeuge zur Verteidigung. Die ersten Meeresungeheuer bewohnten bald die dunklen Tiefen. Da war doch *Anomalocaris*, der Schrecken des Kambriums! Diese zwischen 60 und 120 Zentimeter große Kreatur schob sich vermutlich mit der Hilfe von zwei außergewöhnlich langen und beweglichen Greifern die Beute zum scheibenförmigen Mund, wo sie sie, ebenso nur vermutlich, einsaugte. Seine langen Stielaugen mit mehreren 100 oder sogar mehreren 1.000 Linsen erinnern an die Facettenaugen heutiger Insekten. Vielleicht war *Anomalocaris* ein früher Vertreter der Gliederfüßer (Arthropoda), Urvetter aller heute lebenden Insekten, Spinnen und Krebse. Ein Späher, der sich mit seinen lappenähnlichen Fortsätzen am Körper im Wasser fortbewegen konnte und dabei nach Beute Ausschau hielt.

Wenn wir sauerstoffarme Meeresregionen heute untersuchen, dann wird sichtbar, wie es damals gewesen sein könnte: Kleine wurmähnliche Tiere überleben auch auf einem Meeresboden mit niedrigem Sauerstoffgehalt. Solche Tiere leben direkt von Mikroorganismen – keine Spur von großen Räubern. Je mehr Sauerstoff aber ins Spiel kommt, desto mehr Arten treten auf, und die Nahrungsnetze werden komplexer. Doch immer noch ernähren sich die Tiere zunächst von Kleinstlebewesen und fressen sich nicht gegenseitig auf. Erst als der Sauerstoffgehalt höher als drei Prozent liegt, treten die ersten Räuber auf und beginnen Jagd auf andere Tiere zu machen. Ein mäßiger Sauerstoffanstieg kurz vor Beginn des Kambriums und ein weiterer im Kambrium selbst über den Schwellenwert von zehn Prozent hätte einen enormen Einfluss auf die frühe Evolution der Tiere gehabt, auf ihre Körpergröße, Lebensweise und Ernährung, meinen Wissenschaftler. Und noch eine zweite Vermutung haben sie: Die weich gebaute, ungeschützte und unbewegliche Fauna des Ediacariums verschwand relativ schnell mit der kambrischen Explosion. Räuber mit komplexeren Verhaltensweisen machten ihr den Garaus.

Wie auch immer es sich im Detail abgespielt haben mag, rasch betraten die Tierstämme, wie wir sie auch heute noch kennen, die Bühne der Ozeane. Derzeit zählen wir etwa 30 verschiedene, und nahezu alle haben ihre Wurzeln im Kambrium, einer Zeit der großen Veränderung, der erdgeschichtlich noch zahlreiche weitere folgen sollten.

Das Perm endete etwa vor 245 Millionen Jahren mit einem Massensterben – die Perm-Trias-Grenze gilt als die größte Aussterbewelle in der Geschichte des Lebens. Etwa 75 Prozent der an Land lebenden Arten sowie mehr als 95 Prozent der marinen Wirbellosen verschwanden. Auch die Kreidezeit endete vor 65 Millionen Jahren mit einer globalen Katastrophe: Ammoniten und Dinosaurier starben aus. Tod und Aussterben gehören zur Geschichte unserer Erde darum immer dazu. Das Leben ist in seinem tiefsten Wesen Veränderung. Stillstand dagegen bedeutet den Tod. Das wollen wir nun am Beispiel der Strömungen in den Ozeanen etwas genauer ansehen.

STILLSTAND IST RÜCKSCHRITT

Ohne Transport geht in den Ozeanen gar nichts

Nichts ist so beständig wie der Wandel.

Heraklit von Ephesos

Stillstand ist Rückschritt. Aufhören des Strebens ist geistiger Tod. So formulierte es Konfuzius, und Herbert Grönemeyer spitzte diese Aussage in einem Liedtext noch zu: Stillstand ist der Tod. In Bezug auf die Ozeane hat er völlig Recht. Stillstand wäre ihr Ende, und Bewegung und Austausch sind ein Grundprinzip des Lebens.

Stau ist lästig ... bis tödlich

Das gilt schon auf der Ebene der Zelle. In ihr gibt es durch biologische Membranen abgetrennte Bereiche, sogenannte Zellorganellen. Stoffe und ihre Bestandteile werden darin von A nach B verschoben oder diffundieren über Membranen und ihre Ionenkanäle und setzen dabei Energien frei. Eine Zelle, in der sich nichts mehr bewegt, ist tot.

Auch im lebenden Organismus wird ununterbrochen etwas hin- und herverfrachtet. Die Atmung dient dem Austausch und Transport von Gasen, der Blutkreislauf verteilt alles Mögliche im Körper und sorgt zugleich für die Entsorgung von Stoffwechselabfällen aus Zellen und Geweben. Und nicht anders ist es in den lebendigen Systemen, in Biotopen, Ökosystemen, Biomen, ja auf der ganzen Erde. Überall finden wir auf Schritt und Tritt Bewegung und Transport vor. Und die größten Transportbewegungen der Erde finden im Austausch zwischen den Weltmeeren statt.

Die Strömungsbänder des Lebens

Seltsam ist, dass das weltumspannende System der Meeresströmungen, das die Ozeane miteinander verbindet, das Klima bestimmt und – man kann sagen – »das Funktionieren der Welt« möglich macht, in seiner globalen Dimension erst Anfang der 1970er-Jahre erkannt wurde. Der Golfstrom, dem Europa sein mildes Klima verdankt und von dem die meisten Menschen bei uns darum schon gehört haben, ist nur eine kleine Teilströmung des Strömungsbandes, das den Globus umspannt. Die Antriebskräfte dieses schöpferischen und Leben spendenden Bandes sind Dichteunterschiede des Meerwassers in Folge unterschiedlicher Temperaturen und Salzgehalte, die Erdrotation und zu einem entscheidenden Grad auch Winde. Zuverlässig wie eine Uhr verschieben sich kolossale Wassermassen und transportieren Energie und Stoffe um die Erde. Sollte das globale Förderband aufhören zu zirkulieren – kein undenkbares Szenario! –, dann hätte dies verheerende Auswirkungen auf das Leben auf dem Planeten. Was aber hält die Strömungen am Laufen?

Sorgen nur zwei schlichte Faktoren für das Band des Lebens?

Wir haben es bereits im Einführungskapitel gehört: Meereskundler bezeichnen die ozeanischen Strömungen rund um unseren Blauen Planeten etwas kompliziert als »thermohaline Zirkulation«. Die Namensgebung geht auf den 1931 geborenen amerikanischen Ozeanograf Wallace Broecker zurück. Dabei unterstreicht *thermo* die Bedeutung, die die Temperatur für das Strömungsgeschehen hat, *halin* hingegen die des Salzgehaltes. Diese zwei einfachen physikalischen Faktoren bestimmen die Dichte des Seewassers und tragen – so viel scheint sicher – wesentlich dazu bei, dass eine der größte Dynamiken des Weltgeschehens in Gang kommt.

Wie das geschieht, können wir am Beispiel des Nordatlantiks deutlich machen: Wenn sich hier im Winter Eis bildet, dann gefriert Wasser, nicht aber das im Meer gelöste Salz. Das nicht gefrierende Wasser wird dadurch salzhaltiger und zudem, weil es kälter wird, auch dichter, also »schwerer«. Kaltes Wasser ist schwerer als warmes, salzhaltiges Wasser schwerer als salzarmes. Das kalte, salzhaltige Wasser »stürzt« also in die Tiefe und »saugt« sozusagen Oberflächenwasser nach – eine Oberflächenströmung ist die Folge, wobei diese »Oberfläche« mehrere 100 Meter dick sein kann. Das kalte, salzige »abgestürzte« Wasser fließt als kalte Tiefenströmung bis zum Ausgang des Südatlantiks und trifft dort auf den wahrlich weltbewegenden antarktischen Zirkumpolarstrom (Antarctic Circumpolar Current, ACC), der zu den mächtigsten Strömungen der Welt zählt und einen enormen Einfluss auf das Klima der Erde hat. Als einzige Strömung verbindet er direkt den Atlantischen, den Indischen und den Pazifischen Ozean miteinander. Dabei transportiert er in einer Wassersäule von 4.000 Metern Höhe etwa die 140-fache Wassermenge aller Flüsse der Erde. Ozeanografen nennen die Einheit der durch Strömungen transportierten Wassermengen pro Zeiteinheit nach dem norwegischen Ozeanografen Harald Ulrik Sverdrup ein »Sverdrup« (Sv). Ein Sverdrup meint eine Million Kubikmeter pro Sekunde. Die Menge des durch den antarktischen Zirkumpolarstrom transportierten Wassers liegt bei 140 Sverdrup.

Vom antarktischen Zirkumpolarstrom biegt südlich von Australien ein großer Teil des Wassers nach Norden in den Pazifik ab. Allmählich bewegen sich die Wassermassen hier zur Oberfläche und erwärmen sich durch

Vermischung mit dem Oberflächenwasser. In den äquatorialen Bereichen wird das globale Förderband dann richtig warm und fließt als warme Oberflächenströmung zunächst nördlich von Australien an Indonesien vorbei in den Indischen Ozean, dann weiter zur Südspitze Afrikas und weiter nach Nordwesten durch den Atlantik bis in die Karibik und den Golf von Mexiko. Den Kreis schließt der Golfstrom, der Wasser an Amerika vorbei in den Nordatlantik führt. Ein Wassertropfen, der hier seine Reise um die Welt beginnt, wird mindestens 1.000 Jahre brauchen, bis er an diesen Ausgangspunkt zurückkehrt.

Dabei werden aber nicht allein Salzgehalt und Wärme seine Richtung und seine Reisegeschwindigkeit bestimmen. Die globalen Wasserbahnen werden auch vom Wind und von der Coriolis-Kraft, die durch die Einwirkung der Erdrotation auf bewegte Massen entsteht, in Gang gehalten bzw. abgelenkt. Darum spricht man heute auch lieber von »meridionaler Umwälzzirkulation«, wenn es um die Gesamtheit der Meeresströmungen geht, und nicht mehr von der bloß »thermohalinen« Zirkulation.

Stillstand und das größte bekannte Massenaussterben der Erdgeschichte

Was geschieht, wenn diese Zirkulation zum Stillstand kommt, können wir an erdgeschichtlichen Spuren ablesen. Die Katastrophe geschah vor 252 Millionen Jahren. Sie markierte die Wende vom Perm zur Trias und damit auch die vom Erdaltertum (Paläozoikum) zum Erdmittelalter (Mesozoikum). Begleitet war sie vom größten bekannten Massenaussterben der Erdgeschichte. 95 Prozent der marinen Wirbellosen gingen zugrunde, und 75 Prozent der an Land lebenden Arten überlebten das unter Paläontologen sogenannte »Perm-Trias-Ereignis« nicht.

Was genau die Ursachen für dieses Ereignis waren, können wir im Detail nicht sagen. Aber sicher ist: Die Erde erwärmte sich irgendwann so stark, dass das Wasser an den Polen nicht mehr ausreichend abkühlen konnte und nicht mehr schwer genug war, um in die Tiefe abzusinken. Das globale Wasserförderband kam zum Stillstand und was nun geschah, kann man heute beobachten, wenn ein kleiner See »umkippt«. Die oberen Meeresschichten erwärmten sich rapide. Warmes Wasser kann weniger Sauerstoff aufnehmen als kaltes. Es entstanden anoxische Zonen ohne Sauerstoff. Außerdem versauerten die Meere in zunehmendem Maße. Und damit nicht genug: Die am Meeresgrund gelagerten Methanhydrat-Knollen – sie wurden vor allem durch Frank Schätzings Bestseller »Der Schwarm« der breiteren Leserschaft bekannt – wurden destabil und gingen in Gasform über, wodurch große Mengen an Methan in die Atmosphäre gelangten. Dadurch wurde der Treibhauseffekt verstärkt und mit der steigenden Temperatur sank der Sauerstoffgehalt in den Meeren noch mehr. Die Folge war ein dramatisches Massensterben, das zunächst nur die Lebewesen im Ozean zu betreffen schien. Aber es kam schlimmer.

Ein Gift namens Schwefelwasserstoff

Jeder, der Aquaristik betreibt, einen Gartenteich oder sonst einen größeren Wasserbehälter im Garten hat, gern in Tümpeln watet, deren Grund mit Pflanzenresten und Laub vom Vorjahr bedeckt ist oder sonst für Natur schwärmt, kennt Schwefelwasserstoff (H_2S). Schwefelwasserstoff riecht schon in geringen Konzentrationen typisch nach faulen Eiern. Dieser einfache und allgegenwärtige Stoff hat es in sich: Die schwache, farblose Säure ist nicht nur übel riechend, sondern auch brennbar und hochgiftig. Während des Perm-Trias-Ereignisses geschah nun wohl Folgendes: Die sterbenden und toten Meeresbewohner sanken in die Tiefe und bildeten eine dicke Schicht organischen, faulenden Materials. Toxischer Schwefelwasserstoff sammelte sich in der Tiefe, stieg dann aber an die Oberfläche und gelangte in die Atmosphäre. So kam die Zerstörung vom Wasser an Land. Schwefelwasserstoff ist etwa so giftig wie Cyanid. Als es aus den Ozeanen ausgaste, tötete es nahezu alles Leben, das mit ihm in Berührung kam.

Verkettung unglücklicher Umstände

Das, was damals geschah, ist uns heute näher, als wir meinen! Das immerhin bis 2.200 Meter tiefe Schwarze Meer ist nur in den obersten Wasserschichten mit Sauerstoff angereichert. Bei 90 Metern Wassertiefe wird der Sauerstoff heute bereits knapp, 1955 lang diese Grenze noch bei 140 Metern. Darunter gibt es keinen Sauerstoff mehr. Denn bereits vor etwa 4.000 Jahren ist das Wasser der unteren Wasserschicht »umgekippt«. Die Schichtung der Wassersäule ist so starr und ausgeprägt, weil leichteres, weniger Salz enthaltendes Wasser auf schwererem, salzhaltigerem aufliegt. Eine Vermischung erscheint unmöglich und damit auch die Rückkehr des Lebens in die anaeroben bzw. anoxischen Tiefen des Schwarzen Meeres.

Kleinräumig können solche Sauerstoffdefizite an vielen Stellen entstehen, allerdings beobachten wir sie immer häufiger und in immer ausgedehnteren Regionen. Das organische Material der oberen Schichten, verschiedenste Planktonorganismen und ihre Leichen, Ausscheidungen von Lebewesen und anderes sinkt kontinuierlich in die Tiefe ab. Dort warten Bakterien auf das Material und bauen es ab, ein Vorgang, der Sauerstoff benötigt. Wenn aber von oben zu viel kommt, was der Fall ist, wenn Meere überdüngt werden, vermehren sich die Bakterien exponentiell und verbrauchen irgendwann den Sauerstoff. Das System kippt, alles höhere Leben geht zugrunde.

Manche Seen warnen

Wie es dann aussieht, zeigen zahlreiche Seen in allen Teilen der Welt. Der Green Lake im Nordosten der Vereinigten Staaten ist z.B. so etwas wie ein lebendes Fossil des permischen Ozeans. In seinen oberen Bereichen ist er ein ganz normaler, hübscher See mit Pflanzen und Fischen, doch wer auf etwa 20 Meter abtaucht, befindet sich in einer völlig anderen Welt ganz ohne Sauerstoff, dafür mit einer toxischen Brühe. Sobald das Wasser rosa wird, beginnt die Gefahrenzone – die Zone des Schwefelwasserstoffs. Hier leben Millionen und Abermillionen von Purpurbakterien, die so etwas sind wie »der rauchende Colt des permischen Massensterbens«, wie es ein Wissenschaftler formulierte.

Auch der idyllische Alatsee vor der malerischen Bergkulisse der Allgäuer Alpen wirkt auf den ersten Blick wie ein normaler Bergsee. In 15 Metern Tiefe allerdings beginnt die dickste lebende Schwefelschicht Europas mit Milliarden von Bakterien. Sie bilden eine rosafarbene, meterdicke giftige Brühe, die nicht nur Silberkettchen oder Bleigewichte oxidiert, sondern jedes Gewebe angreift. Wie bei den meisten solcher Seen und wie beim Schwarzen Meer ist die Schichtung des Wassers hier so starr, dass sich die Wassermassen nicht mehr umwälzen. Oben bleibt eine dünne Schicht Leben – hier kann sich eine einzigartige Flora und Fauna finden –, unten lauert der purpurne Tod.

Wie Riesen einst Nährstoffe transportierten

Wir haben nun davon gehört, wie die Strömungen der Ozeane das Leben auf der ganzen Welt erhalten und was geschieht, wenn dieser Kreislauf zum Stillstand kommt. Am Schluss des Kapitels möchte ich noch auf einen weiteren Kreislauf aufmerksam machen, der ebenfalls höchst gefährdet ist, den zwischen Land und Ozean. Worum es hier geht, hat ein internationales Forscherteam rund um Christopher E. Doughty in eindrücklicher Weise herausgearbeitet. Die Wissenschaftler haben gezeigt, wie einst Riesen dafür sorgten, dass ein gewaltiger Nahrungskreislauf, der im Meer seinen Anfang nahm, die Welt vernetzte. Nein, es handelt sich bei diesen Riesen nicht um mythologische Wesen der Vorzeit, sondern um Wale, um die Giganten der Meere. Einst gab es viel mehr von ihnen. Und sie sorgten, zusammen mit Seevögeln und ziehenden Fischen dafür, dass ein gigantischer Nährstoffkreislauf in Gang blieb. 340 Millionen Kilogramm gebundenen Phosphor erjagten die großen Wale in der Tiefsee und brachten sie an die Oberfläche, 6,3 Millionen Tonnen trugen Seevögel an Land, indem sie dort brüteten und ihre Jungen fütterten, und unglaubliche 140 Millionen Tonnen transportierten wandernde Fische, wie die Lachse, die in die Flüsse zogen, dort laichten und oft starben und gefressen wurden. Große, Pflanzen fressende Landtiere profitierten vom Nährstofffluss aus der See und verbrauchten 180.000 Tonnen des gebundenen Phosphors wieder.

Was ist heute aus diesem Kreislauf geworden? Der Transport von der Tiefsee an die Oberfläche durch die großen Wale reduzierte sich um 77 Prozent, jener durch anadrome (in die Flüsse aufsteigende) Fische gar um 96 Prozent. Auch hier kommt ein Kreislauf zum Erliegen, auch hier droht der Tod.

Immer geht es also um die ewigen Kreisläufe. Und alles im Meer ist vernetzt und bewegt sich, vertikal oder horizontal, aus eigener Kraft oder getragen von den Strömungen. Produzenten, Konsumenten und Zersetzer tun sich zusammen, um Größeres zu schaffen. Alles ist mit allem verbunden. Der Ozean ist ein großes Netzwerk des Lebens. Wie es weitergegeben wird, die Tricks und Tücken ozeanischer Sexualität und Fortpflanzung, die werden wir uns jetzt ansehen.

VÄTER ALS MÜTTER, EIN LEBEN IM WEIBCHEN UND ANDERE KURIOSITÄTEN

Sex und Familie in den Weiten des Ozeans

Alles ist aus dem Wasser entsprungen!
Alles wird durch das Wasser erhalten!
Ozean, schenk uns dein ewiges Walten!

Johann Wolfgang von Goethe

Am Beginn dieses Buches habe ich schon ein wenig erzählt von den Fortpflanzungsstrategien der Meeresbewohner. Nicht wenige von ihnen haben aus konservativer menschlicher Sicht einen durchaus fragwürdigen Lebenswandel: Da gibt es Penisse, die sich vom Männchen lösen, um eigenständig durch das Wasser zu schwimmen, bloß zwei Millimeter kleine Männchen, die dauerhaft im Weibchen leben und dabei Männer-WGs bilden, und die »traumatische Insemination«, ein Geschlechtsakt frei von aller Zärtlichkeit. Die Strategien der Reproduktion in den unendlichen Weiten der Ozeane sind schon sehr ausgeklügelt und sie müssen es sein, damit sie funktionieren können und die Geschlechtspartner überhaupt zusammenfinden. Aber: Warum eigentlich dieser ganze Zirkus?

Wozu dieser ganze Sex?

Es könnte doch so einfach sein: Wenn sich Lebewesen vermehren wollen, könnten sie einfach einen Teil von sich abspalten – und fertig. Viele Organismen machen das doch genau so, und zwar nicht nur Bakterien und Einzeller. Pflanzen beispielsweise können Ableger bilden. Und auch im Meer findet sich die vegetative Vermehrung ohne Sexualität häufig. Die Vorteile dieser Form der Fortpflanzung liegen auf der Hand: keine aufwändige Partnersuche, kein Energieverlust bei der Balz, schnellere Produktion von Nachkommen und vor allem eine gesicherte, exponentiell verlaufende Reproduktionsrate. Aus einem Individuum werden zwei, aus diesen zwei werden vier, aus vier acht und so weiter. Es könnte so einfach sein, und dennoch machen viele Meeresgeschöpfe einen ungeheuren, energiefressenden Bohei um die Fortpflanzung. So z.B. die Winkerkrabben der Gattung *Uca* auf den tropischen Sand- und Schlickgründen in Mangrovenbeständen. Die Männchen haben wie Krabben generell zwei Scheren, doch ist die eine wesentlich größer als die andere und kann 40 Prozent der Körpermasse ausmachen. Diese Winkerschere dient ausschließlich dem Sexualverhalten: Sie soll den Weibchen imponieren und andere Männchen einschüchtern. Bei den Winkerkrabben-Männchen geht es also sehr schlicht um die Frage, »wer die größere hat«. Eigentlich doof, denn weil die große Schere nicht für den Nahrungserwerb eingesetzt werden kann, muss die kleinere dafür allein ausreichen. Die Nahrungsaufnahme dauert länger und die kleine Schere muss schneller arbeiten. Hinzu kommt, dass nicht wenig der aufgenommenen Nahrung ja gebraucht wird, um die Mega-Schere zu bilden. Warum das alles? Wo liegt der Vorteil der sexuellen Vermehrung?

»Erfunden« wurde sie wahrscheinlich schon vor mehr als 600 Millionen Jahren in jener Zeit des Präkambriums also, die wir schon als Ediacarium kennengelernt haben. Zur vegetativen Vermehrung kam die sexuelle Fortpflanzung hinzu: Mehrzellige Kreaturen suchten andere mehrzellige Kreaturen, um mit einem Partner oder einer Partnerin genetisches Material austauschen zu können. Weibchen warfen in einem Zellteilungsvorgang, den wir Meiose nennen, die Hälfte ihrer Gene weg, um ein anderes (männliches) Individuum zu finden, das genau dasselbe getan hat. Von ihm holt es sich die weggeworfene Hälfte der Gene wieder zurück, wobei die Männchen in dem ganzen Prozess nicht wirklich viel beizutragen scheinen. Sie legen keine Eier und gebären keine Kinder. Von der Partnersuche bis zum gemeinsamen »Nestbau« verschlingt die geschlechtliche Fortpflanzung einen beträchtlichen Teil der Ressourcen eines Lebewesens.

Allerdings: Die Folge der Umstellung war eine wesentliche Erhöhung der genetischen Variabilität der einzelnen Individuen innerhalb der Populationen. Jede Generation konnte neue Eigenschaften hervorbringen, Kinder mit einer einzigartigen Kombination der elterlichen Gene. Diese Kinder unterscheiden sich genetisch sowohl von ihren Eltern als auch von all ihren Geschwistern. Warum aber war das so wichtig? Hätte der Sex nicht unschlagbare evolutionäre Vorteile gehabt, er hätte sich niemals durchgesetzt. Worin aber bestand der Vorteil, wenn doch nicht nur ein ziemlicher Aufwand nötig wurde, sondern sexuelle Fortpflanzung aufs Ganze gesehen auch noch weniger Nachkommen ergibt?

Warum Sex unerlässlich ist: das Königsproblem der Evolutionsbiologie

Der Evolutionsbiologe Manfred Milinski bezeichnete diese Frage als das Königsproblem der Evolutionsbiologie. Wie auch andere komplexe Fragestellungen der Evolution lässt sich das schwerlich mit definitiver Sicherheit beantworten. Meinungen dazu gibt es viele. Eine aktuelle Hypothese besagt, dass die Entwicklung der Sexualität eine Strategie im Kampf gegen Krankheitserreger ist. Diese stellten eine lebensbedrohliche Gefahr dar und haben noch dazu die Fähigkeit, durch Mutationen und andere Mechanismen immer wieder neue Stämme hervorzubringen. Die Lebewesen, die von Krankheitserregern befallen wurden, mussten sich genauso schnell verändern können wie die Erreger selbst, um besser gewappnet zu sein. Und das ging mithilfe der Sexualität und dem damit verbundenen Austausch von Genmaterial. Es kam darauf an, möglichst viele unterschiedliche Immungene zu haben. Von ihnen gibt es auch beim Menschen eine enorme Bandbreite. Aufgrund von chemischen Merkmalen, beim Menschen ist es hauptsächlich der Geruch, suchen Lebewesen sich Partner, die einen unterschiedlichen Satz an Immungenen haben. Kommen beide Sätze zusammen, ist der Nachwuchs besser gegen Krankheitserreger gewappnet. Je besser, also breiter die Immungen-Ausstattung eines Organismus ist, desto besser kann er auf zukünftig veränderte Krankheitserreger reagieren, sagen die Wissenschaftler des Max-Planck-Instituts für Evolutionsbiologie und das Helmholtz-Zentrum für Ozeanforschung in Kiel. Ob das schon die vollständige Antwort ist? Wir wissen es nicht, zumal die Partnerwahl bei der sexuellen Fortpflanzung zumindest im Ozean ja sehr häufig nicht der Nase folgt, sondern dem Zufall überlassen bleibt.

Massensex oder Partnersuche – Spielvarianten

Im Ozean findet die Befruchtung der Eizellen manchmal frei im Wasser statt, manchmal dagegen im Mutterleib. Manche Meeresorganismen setzen im Hinblick auf ihre Nachkommenschaft auf Quantität und nehmen in Kauf, dass 99 Prozent ihrer Nachkommen anderen Meerestieren als Futter dienen. Nehmen wir z.B. den Mondfisch

(*Mola mola*), einen Giganten unter den Knochenfischen mit bis zu 3,30 Metern Länge und 2,3 Tonnen Gewicht. Bei einem einzigen Laichvorgang kann ein Weibchen bis zu 300 Millionen Eier legen. Es ist damit die Rekordhalterin unter allen Fischen. Die Eier sind winzig und messen nur einen Millimeter, die sich daraus entwickelnden Larven sind bloß drei Millimeter groß. Fünf lange Stacheln sollen sie vor Fressfeinden schützen, aber wenn dieser Schutz wirklich vollkommen wäre, wäre das Meer in wenigen Jahren nur von Mondfischen bevölkert. Die Strategie der Mondfische ist: Möglichst viele Nachkommen produzieren, von denen nur ein geringer Teil das Reproduktionsalter erreicht. Biologen zählen Mondfische darum zu den »r-Strategen«, zu den Arten, die auf »r«, die Reproduktionsrate, setzen. Dabei kostet bloß die Eiproduktion Energie, aber nach der Eiablage haben die Eltern Ruhe. Keine Sorge um oder Bindungen an den Nachwuchs.

Eine vollständig entgegengesetzte Strategie verfolgt der Weiße Hai (*Carcharodon carcharias*). Zwar wissen wir über ihn immer noch nur wenig mehr, als dass er der größte Raubhai der Gegenwart ist und einen (übertrieben) schlechten Ruf hat, doch zeigen moderne Studien, dass Männchen der Weißen Haie im Schnitt mit 26 Jahren geschlechtsreif werden, die Weibchen sogar erst mit 33. Das Erreichen der Geschlechtsreife dauert also doppelt so lang wie bei Menschen. Auch die Tragzeit der Jungen ist doppelt so lang wie beim Menschen, während die Lebensspanne der Weißen Haie mit etwa 70 Jahren durchaus der des Menschen vergleichbar ist. Was aber für einen Fisch überraschend ist, ist die Anzahl der Nachkommen: Nach 18 Monaten kommen zwei bis maximal 14 Jungtiere zur Welt. Weiße Haie sind »K-Strategen« wie aus dem Lehrbuch: Sie haben wenige

Nachkommen, in die viel – in diesem Fall eine extrem lange Tragzeit – investiert wird. Die Jungtiere können bis zu 150 Zentimeter groß sein und sind damit bereits mit einer beträchtlichen Überlebensfähigkeit ausgestattet. Ein neugeborener Hai dieser Größe und mit diesen Zähnen kann nicht nur Beute fangen, sondern sich auch wehren.

»K-Strategie« oder »K-Selektion« bezieht sich dabei auf die Kapazitätsgrenzen der Lebensräume von Arten. Weiße Haie verfolgen eine Anpassungsstrategie an langfristig konstante Umweltbedingungen und gleich bleibende Populationsgröße am oberen Limit der Kapazität ihres Lebensraums. Mehr solcher Top-Räuber könnte der Lebensraum nicht tragen. Erdgeschichtlich gesehen ging das so lange gut, bis der Mensch auf den Plan trat und massenhaft Jagd auf den Weißen Hai machte. Bei der geringen Populationsgröße dieser Art, der extrem spät eintretenden Geschlechtsreife, der langen Tragzeit und der kleinen Zahl der Nachkommen ist die Folge klar: Die imposante Spezies stirbt allmählich aus, wie einst einer ihrer Verwandten, der Megalodon.

Selbst die einfachste Sexform im Meer ist kompliziert

Wasser ist, je nach Temperatur, mehr als 800 Mal dichter als Luft. Und Salzwasser ist noch dichter als Süßwasser. Was das bedeutet, können wir am eigenen Leib spüren: Wasser trägt uns, auch wenn wir nur auf ihm liegen, tief einatmen und sonst nichts tun. Davon profitiert auch das Plankton, das »Treibende« der Ozeane, wie man das Wort übersetzen kann. Plankton kann pflanzlich sein, dann wird es (fotosynthetisch aktives) Phytoplankton genannt, oder tierisch, dann heißt es Zooplankton. Ein Teil des Zooplanktons bleibt ein Leben lang Teil dieser herumtreibenden Lebensgemeinschaft, doch sehr viele »Dinge«, die man im Plankton findet, kommen nur während bestimmter Lebensstadien darin vor. Nach einer gewissen Zeit und Entwicklung gehen sie zum Bodenleben über. Hintergrund dieses Phänomens ist eine der einfachsten Formen der Sexualität, die im Meer die bei weitem häufigste ist: das freie Ablaichen der beiden Geschlechtsprodukte ins Meer. Sperma und Eizellen werden hier einfach ins Wasser freigelassen, die Befruchtung erfolgt ebenso zufällig wie massenhaft und aus der befruchteten Eizelle entwickelt sich eine frei schwimmende Larve. Die Form der jungen Larve kann sich dabei von der eines älteren Individuums derselben Art deutlich unterscheiden, was die Meeresbiologie vor große Probleme gestellt hat. In manchen Fällen hat es bis ins 20. Jahrhundert hinein gedauert, all diese Entwicklungsstadien bestimmten Arten zuzuordnen. Sammelt man zur richtigen Jahreszeit mit einem Netz Planktonproben aus dem Meer (Meeresbiologen sagen »Plankton ziehen« dazu), wenn sich viele Tiergruppen vermehren, trifft man eine erstaunliche Vielfalt an. Da sind die Larven von Schwämmen und Nesseltieren, von Brachiopoden, Seesternen, Seeigeln und Seegurken, von Kiemenlochtieren (Hemichordata), von Plattwürmern (Plathelmintes), Schnurwürmern (Nemertea), Hufeisenwürmern (Phoroniden), Ringelwürmern (Anneliden) und noch vielen anderen.

Betrachten wir die Schwämme (Porifera), die einfachsten und ältesten mehrzelligen Tiere am Meeresgrund, einmal etwas genauer. Sie haben nicht einmal Geschlechtsorgane, doch entlassen die Männchen ihre Spermien frei ins Wasser. Das geschieht in ganzen Populationen gleichzeitig, sie »rauchen« dann oder »kochen über«. Jeder Schwamm sieht dann aus wie ein aktiver

Vulkan. Beim tropischen Riffschwamm *Neofibularia* findet das Rauchen einmal im Jahr über einen Zeitraum von drei Tagen statt, den man genau vorhersagen kann. Die ins Wasser entlassenen Spermien werden von anderen Schwämmen in ihre Kragengeißelkammern im Inneren des Schwammes eingestrudelt, wo auch die Nahrung aufgenommen wird. Doch die Spermie wird als solche erkannt und liebevoll zu einer Eizelle irgendwo im Schwamm transportiert. Aus der befruchteten Eizelle entwickelt sich dann eine Larve, die bei manchen Arten in besonderen Brutkammern gehalten wird, während andere Schwammlarven frei schwimmend sind. Allerdings gibt es bei den etwa 8.500 bekannten Schwämmen eine riesige Vielfalt an Strategien, was Form, Entwicklung und Lebensweise der verschiedenen Larven- und Jungstadien betrifft. Schwämme können getrenntgeschlechtlich oder Zwitter sein, und sich geschlechtlich oder ungeschlechtlich vermehren. Bei der asexuellen Vermehrung kommt es zu einer Art Knospung – an der Körperoberfläche schnüren sich Zellverbände ab. Manchmal verbleiben diese am Schwamm und es entstehen Kolonien, manchmal kommen zwei unterschiedlich entstandene Jungformen zusammen und fusionieren zu einem voll funktionstüchtigen jungen Schwamm. Und wiederum andere Schwämme produzieren asexuelle, nur maximal einen Millimeter große Dauerstadien, die Gemmulae, durch die sie überwintern können. Es gibt fast nichts, was es bei den urtümlichen Schwämmen nicht gibt. Die Vielfalt ihrer Fortpflanzungsstrategien könnte mit ihrem Alter zusammenhängen – mindestens 700 Millionen Jahre reicht ihr Fossilbericht zurück, länger als bei jedem anderen heute noch existierenden Tierstamm.

Nicht von dieser Welt: Geheimnisse der Korallen-Massenhochzeit

Nur wenige Menschen hatten jemals das Glück, eines der schönsten Naturschauspiele unseres Planeten zu erleben: Das Laichen der Korallen in einem Riff. Es gleicht einem Märchen. Wie Schneeflocken treiben Milliarden von Eiern im Meer, und je nach Art, steigt aus anderen Korallen »Rauch« auf. Das sind die Spermien, die wesentlich kleiner sind als die Eizellen, dafür aber sehr viel zahlreicher. Wie bei anderen marinen Wirbellosen geht es auch bei den Korallen darum, dass in einem bestimmten Gebiet möglichst alle Angehörigen einer Art möglichst gleichzeitig laichen. Dann wird es die meisten Planula-Larven geben, so nennen Biologen das Larvenstadium der Nesseltiere, das sich aus den befruchteten Eizellen entwickelt. Bei einigen Arten der Steinkorallen umfasst der Zeitraum der Fortpflanzung nur einige Tage, bei anderen bis zu sechs Wochen. Myriaden von Planulas treiben dann frei im Wasser und werden von Strömungen mitgenommen. Auf Einzelschicksale nimmt der Ozean dabei keine Rücksicht. Der Löwenanteil der Larven wird entweder aufgefressen oder landet irgendwo in der Tiefe, wo die Bedingungen eine weitere Entwicklung nicht mehr möglich machen und die Larven sterben. So brauchen die meisten Riffkorallen etwa ausreichend Licht, weil sie symbiontische Mikroalgen in ihrem Gewebe beherbergen. Nur mit deren Hilfe können sie ausreichend Kalk bilden, um ein Riff aufzubauen. Eine Planula, die einen geeigneten Platz findet, entwickelt sich zu einem Polypen mit runder Symmetrie und beginnt mit der Kalkproduktion. Schon bald kann der Taucher einen winzigen kleinen Korallenstock erkennen. Speziell Geweihkorallen können verblüffende 18 bis 20 Zentimeter jährlich wachsen. Andere Arten wachsen langsamer und brauchen Jahrzehnte, um schöne Stöcke zu bilden.

Doch gilt für die Korallen das, was wir schon bei den Schwämmen festgestellt haben. Der Variantenreichtum der Fortpflanzung ist groß. Einige Spezies sind getrennt geschlechtlich, andere zwittrig. Die Zwitter geben Eizellen und Spermien zu unterschiedlichen Zeitpunkten ab, um eine Selbstbefruchtung zu vermeiden. Und nicht alle der 1.500 bekannten Korallenarten geben ihre Eier und Spermien ins Wasser ab. Bei einigen Arten sind es nur die Spermien, die in Form eines »Rauchs« entlassen werden. Sie gelangen in ein Weibchen, wo die Befruchtung innerlich stattfindet, und dort entwickeln sich auch die Planula-Larven, die zu einem späteren Zeitpunkt ins Wasser entlassen werden. Andere Korallen kennen sogar die Parthenogenese (Jungfernzeugung) und entwickeln Planulas, ohne dass es zu einer Befruchtung mit Spermien kommt. Und wiederum andere vermehren sich zusätzlich munter vegetativ. Bricht beispielsweise von einer Korallenkolonie durch Wellenschlag ein Stück ab, so können die Bruchstücke an einem günstigen Siedlungsplatz weiter wachsen und eine neue Kolonie bilden. Ästig und schnell wachsende Geweihkorallen (*Acropora*) beherrschen das sehr gut, was Meeresaquarianer gerne nutzen, um ihre Aquarien mit Korallen zu besiedeln.

Die große Frage lautete im Hinblick auf die Vermehrung durch Ablaichen ins Meer immer schon: Wie schaffen es die Korallen, ihr Ablaichen über riesige Flächen von vielen Quadratkilometern zu synchronisieren?

Erst vor wenigen Jahren haben Forscher mehr Licht in das Dunkel dieses Geheimnisses gebracht: Bestimmte Sensor-Gene mit der Bezeichnung Cry2 machen den Korallen zusammen mit dem Mondlicht diese Abstimmung möglich. Das Ganze scheint wie eine innere Uhr zu funktionieren, die auf Lichtreize reagiert.

Und es ist wie so oft: Auch andere haben diese innere Uhr. An der Küste Australiens, z.B. am *Great Barrier Reef*, weiß es die halbe Meereswelt, wenn das große Ereignis bevorsteht. Und alle eilen herbei, zum großen Festmahl, vom winzigen Planktonkrebschen bis zum riesigen Walhai. Aber nicht nur dem größten Fisch der Welt beschert der ozeanische Sex ein Festmahl ...

Palolo: Die große und kleine Wurmhochzeit im Pazifik

Taito Muese Tanu hätte an diesem Tag eigentlich viel zu erledigen. Sein Zahn tut ihm seit Längerem weh, ein Behördenbrief muss beantwortet werden und seine kleine Tochter braucht dringend neue Schuhe. Hilft aber nichts, heute ist für nichts Zeit. Alt und Jung, Reich und Arm, Staatsbeamte oder einfache Leute, alle haben jetzt andere Sorgen. Es ist *salefu,* der Tag, an dem in der Tiefe die Würmer aufwachen und sich zur Hochzeit rüsten. In der kommenden Nacht schon wird das große Schwärmen stattfinden, und dann folgt der *tatelega*, der große Fangtag, auf den alle warten. Er kommt im Jahr nur jetzt, und dann noch einmal einen Monat später vor. Tage voller Schlemmerei und anderer Freuden. Schon seit Tagen zeigen die älteren Frauen den Kindern, wie man aus einem einzigen Palmblatt einen Korb flechten kann, in den bald die Palolos aufgesammelt werden.

Palolowürmer, von denen derzeit 14 Arten beschrieben sind und von denen der Samoa-Palolo (*Palola* oder *Eunice viridis*) der bekannteste ist, zählen zu den Vielborstern (Polychaeta) und noch eine systematische Gruppe höher zu den Ringelwürmern (Annelida). Dieser äußerst bedeutsame Tierstamm, zu dem auch die Regenwürmer gehören, bietet in Sachen Reproduktion ein unfassbares Schauspiel. Schon seit Längerem bereitet sich der Körper auf den großen Tag vor. Hormone, beeinflusst vom Mondzyklus, verändern nicht nur die Bewegungsmuster, sondern auch das Verhalten des Wurms: Er hat aufgehört zu fressen und wird von Licht magisch angezogen. Zugleich wird der gesamte hintere Teil des Borstenwurms – dieser Teil ist immerhin bis 35 Zentimeter lang – umgebaut. Geschlechtsdrüsen produzieren jetzt Geschlechtsprodukte. Sind die hinteren Segmente voll, dann lösen sie sich vom restlichen Tier und schwärmen selbständig im freien Wasser zur Oberfläche. Die Aufgabe des Vorderendes ist damit erfüllt. Es verkriecht sich im Meeresgrund und regeneriert seinen verlorenen hinteren Teil, der spätestens zur nächsten Palolo-Zeit in einem Jahr fertig sein muss.

Die Hinterteile aber schwimmen mit riesigen Mengen an Eiern und Spermien beladen zur Wasseroberfläche, um Eier und Sperma ins Wasser zu entlassen. Dabei kommt es darauf an, dass möglichst viele Würmer möglichst viele Enden gleichzeitig losschicken. Timing und Synchronisation sind also gefragt! Damit dies gelingt, haben die Tiere ein effektives endokrines System, das auf äußere Reize reagiert. Die Wassertemperatur und auch die abnehmende Lichtintensität spielen dabei eine Rolle, denn der große Zeitgeber für das zweimal jährlich stattfindende Ereignis ist der Mond. Im letzten Mondviertel zwischen Mitte Oktober und Mitte November kommt es in einer, in zwei oder in drei Nächten während weniger Stunden zum Showdown. Die Inselbewohner haben die Zyklen seit alters her über Jahrhunderte gelernt und kennen sie am besten. In der siebten Nacht nach Vollmond öffnen sich die gelben, süßlich duftenden Blüten des Mosooibaums. Die Würmer können nicht mehr fern sein.

Wenn sie da sind, wird die glitschige, wurmige Beute vom Wasser abgeschöpft und, zwischen Bananenblättern gedünstet oder gebacken, als *Mbalolo*, als Leckerbissen verzehrt. Es geht dann wild zu im Südseeparadies, gelten die glitschigen Meeresfrüchte auf Samoa doch als Fruchtbarkeitsmittel und Aphrodisiakum …

Aale: Die unfassbarsten Wanderungen auf dem Planeten hängen mit der Liebe zusammen

Im Meer kennt die Liebe aber nicht nur Hoch-Zeiten. Manchmal muss sie auch weite Wege gehen, oder besser: schwimmen. Eine dieser Wanderungsbewegungen aus Liebesgründen ist die der Aale. Trotz aller schon mehr als 100 Jahre währenden Forschungsbemühungen bleibt sie eines der größten Rätsel der Biologie. Derzeit sind 21 Arten der Gattung *Anguilla* bekannt, und sie alle verbringen ihr Leben in Flüssen und Bächen. Ist aber die Zeit der Reproduktion gekommen, zieht es die Aale unaufhaltsam ins Meer. Wenn es sein muss, kriechen sie dabei von einem Gewässer zum anderen und können sogar längere Zeit an Land überleben. Manche Arten legen gegen Ende ihres Erwachsenenlebens viele Tausende von Kilometern zurück, bis sie ihre bevorzugten Laichplätze erreicht haben. Schon beim Verlassen der Süßgewässer haben sie mit dem Fressen aufgehört, und fortan haben beide Geschlechter nur noch ein Lebensziel, nämlich abzulaichen. Die dafür benötigte Energie beziehen die Fische ausschließlich aus ihren Fettreserven, die sowohl für die gesamte Reise als auch für das abschließende Laichgeschäft reichen müssen. Denn während der Wanderung verkümmert der Darm, und auch der Darmausgang verschließt sich. Die Paarung der Aale wurde in freier Wildbahn bisher allerdings nie beobachtet. Ist sie vollzogen, ist die Reise zu Ende und die Fische sterben. Aale laichen darum nur ein einziges Mal in ihrem Leben.

Alle Aale sind flussabwärts wandernde (Biologen sagen katadrome) Fische, die ins Meer zum Laichen streben. Genau anders herum also als die ins Süßwasser ziehenden Lachse, die anadrom sind. Doch bei keiner Art ist dieses Geschehen so wundersam und unbegreiflich wie beim vom Aussterben bedrohten Europäischen Aal (*Anguilla anguilla*) und seinem amerikanischen Pendant (*Anguilla rostrata*). Beide verlassen die Flüsse auf ihrem Kontinent und schwimmen in größeren Tiefen punktgenau zur Sargassosee, einem Meeresgebiet des Atlantiks östlich von Florida und südlich der Bermuda-Inseln – die »Europäer« nach Westen, die »Amerikaner« in die entgegengesetzte Richtung nach Osten. Einige Details dieser Wanderung konnten mithilfe von Satellitentelemetrie geklärt werden. So gibt es in der Wanderung einen Tag-Nacht-Rhythmus: tagsüber steigen die Aale bis auf 1.000 Meter Tiefe hinab, um in der Nacht in den wärmeren Oberflächenschichten zu schwimmen. Um innerhalb eines Jahres aus Europa in die 5.000 Kilometer entfernte Sargassosee zu gelangen, müssten die ausgehungerten Tiere 35 Kilometer täglich zurücklegen. Doch die tatsächlich ermittelten Wanderleistungen waren wesentlich geringer. Daher geht man davon aus, dass die Aale geschickt Meeresströmungen nutzen.

Nachdem das geheimnisvolle Ablaichen stattgefunden hat, entwickeln sich aus den befruchteten Eiern sogenannte Weidenblattlarven. Solche Larven wurden einmal als eine eigene Fischgattung namens *Leptocephalus* beschrieben. Dass es sich um die Jungstadien der Aale handelt, erkannte man erst gegen Ende des 19. Jahrhunderts.

Unter dem Teppich von Braunalgen der Gattung *Sargassum* spielen sich im gleichnamigen Meeresbereich des Atlantiks die für uns unsichtbaren Dramen des Lebens ab. Die toten europäischen und amerikanischen Aaleltern sinken in die 5.000 Meter tiefen und klaren Tiefseegewässer ab, wo unzählige hungrige Mäuler auf sie warten, während die nächste Generation in Form von Millionen von *Leptocephalus*-Larven – natürlich sind auch diese genetisch in Europäer und Amerikaner unterteilt – »auf den Zug wartet«. Dieser Zug ist der Golfstrom. Er nimmt die Brut mit auf die große Reise, auf der sich irgendwann die Wege trennen: Ein Teil der Larven wird nach Osten abgedriftet, um als Glasaale die Flussmündungen Europas zu erreichen. Ihre amerikanischen Vettern treiben nördlich des 40. Breitengrads nach Norden und Westen, um in die Flüsse der Neuen Welt zu ziehen.

Aber warum dieses unfassbare Geschehen? Warum wandern die Aale überhaupt? Und warum wandern sie so weit und dann ausgerechnet in die Sargassosee? Wie ist es möglich, dass zwei unterschiedliche Arten von zwei Kontinenten in diese Meeresregion wandern? Bietet die Sargassosee außergewöhnlich günstige ökologische Bedingungen für die Aale? Doch wie konnten sie dann diese so weit entfernte Region mitten im Ozean überhaupt »entdecken«?

Eine Antwort auf diese Frage bietet möglicherweise die Tektonik: Die Trennung von Nordamerika und Europa und das nachfolgende Wachsen des Atlantiks erfolgte im Zeitraum zwischen 120 und 40 Millionen Jahren. Die Muster der Wanderungen mussten sich über Millionen von Jahren in das Gedächtnis dieser Art eingeschrieben haben, während der Ozean immer breiter wurde und die heutigen Dimensionen erreichte. Dass die Sargassosee für die Aalbrut besondere Bedingungen und eine spezifische Nahrung bieten muss, zeigt sich auch daran, dass es bisher nie gelungen ist, Europäische und Amerikanische Aale nachzuzüchten. Lediglich bei einer japanischen Art ist es geglückt, doch auch hierbei ist die Erfolgsquote gering. Mit künstlichem Futter will es einfach nicht gelingen, die natürlichen Bedingungen zu simulieren.

Das ungelöste Rätsel im Atlantik: die Wanderungen der Meeresschildkröten nach Ascension

Mit der Reproduktion hängt auch ein weiteres Rätsel des Ozeans zusammen. Wie die Wanderung der Aale so zeugt auch die der Grünen Meeresschildkröten (*Chelonia mydas*) vom Wachsen des Atlantiks. Das Wunder spielt sich auf einer der abgelegensten Inseln der Welt mitten im Atlantik ab. Das vulkanische Ascension, ein unwirtliches Eiland, liegt ein wenig südlich vom Äquator und 80 Kilometer westlich des Mittelatlantischen Rückens. Auf der amerikanischen Seite also. Brasilien im Westen ist mehr als 2.200 Kilometer entfernt, und ausgerechnet dort liegen die bevorzugten Nahrungsgründe der Grünen Meeresschildkröten, die uns besser als »Suppenschildkröte« bekannt ist. Als Vegetarier ernähren sie sich vor allem von Seegras.

Warum muss die Schildkröte die Wanderung quer durch den Atlantik antreten, um ausgerechnet in der Southwest Bay, Clark Beach, Long Beach, English Bay oder Northeast Bay, den fünf Niststränden von Ascension, ihre Eier abzulegen? Offensichtlich werden die aus dem Ei schlüpfenden Kleinschildkröten für den Rest ihres Lebens auf diese Lokalität geprägt. Denn genetische Studien haben zwischenzeitlich bewiesen, dass die Weibchen haargenau zu jener Bucht zurückkommen, in der sie selbst das Licht der Welt erblickt haben. Die fünf Niststrände sind Heimat von genetisch unterscheidbaren Populationen. Ein weiteres der unzähligen schwer verständlichen Phänomene des Ozeans!

Das Schlüpfen aus dem Ei leitet die dramatischste Phase im Leben einer Meeresschildkröte ein. Auf dem kurzen Weg vom Nest ins Wasser lauert 100-fach der Tod in Gestalt von Vögeln und Krabben. Und auch wenn das Leben rettende Wasser erreicht ist, geht das große Fressen weiter, denn auch viele Meeresbewohner haben gelernt, wann der Tisch reichlich gedeckt ist. Einmal habe ich dieses Drama auf Galápagos erlebt: Die kleinen Schildkröten schwammen um ihr Leben, aber gegen die lauernden Braunen Pelikane und die Galápagos-Seelöwen hatten sie nicht den Hauch einer Chance.

Dann folgt eine Phase im Leben der Schildkröten, von der die Wissenschaft fast nichts weiß. Die »verlorenen Jahre«, sagen manche Forscher dazu, weil über das Leben der Kleinen und ihre Wanderrouten nur wenig bekannt ist. Etwa vier Jahre später tauchen sie deutlich gewachsen in der Nähe ihrer Futterplätze entlang der brasilianischen Küste auf. Dort halten sie sich jahrelang auf, bis sie mit zehn bis 15 Jahren die Geschlechtsreife erreichen. Und irgendwann treten sie dann die wochenlange Wanderung quer durch den Atlantik an, um genau an ihrem Geburtsstrand innerhalb einiger Wochen mehrmals um die 100 Eier, jeweils von der Größe eines Tischtennisballs, pro Gelege abzulegen. Alle drei bis vier Jahre verspüren die erwachsenen Tiere den Drang nach Reproduktion, um an den genannten Stränden 6.000 bis 15.000 Nester anzulegen. Nach zwei bis drei Monaten

© Robert Hofrichter

Ein Sinnbild für Freundschaft im Ozean: »Nemos« (Clown- oder Anemonenfische) und ihre Anemone. Der hübsche Fisch beschützt seinen Wirt so vehement, dass er sogar Taucher angreift.

© Robert Hofrichter

Ein Blaumasken-Kaiserfisch, typisches Beispiel für »Plakativfärbung« im Riff. Sehr bunt sein und auffallen, so lautet hier die Devise.

© Robert Hofrichter

Blasenanemonen beherbergen wie viele andere Nesseltiere auch Mikroalgen (Zooxanthellen) in ihrem Gewebe, die für sie durch Photosynthese einen Teil der Nährstoffe besorgen.

© Robert Hofrichter

Unbeschreibliche Schönheit: Nirgendwo auf unserem Globus ist die marine Artenvielfalt so hoch wie im sogenannten »Korallendreieck« zwischen dem Indischen und Pazifischen Ozean.

© Robert Hofrichter

Die bunte Vielfalt eines intakten indopazifischen Korallenriffs ist mit nichts auf unserem Planeten vergleichbar. Eine äußerst zerbrechliche Schönheit allerdings …

© Ethan Daniels / shutterstock.com

… denn innerhalb weniger Wochen können die Korallen durch Bleiche in Folge der Klimaerwärmung und El-Niño-Jahren zugrunde gehen – wie zuletzt in den Jahren 2015/2016.

Die Blumen-Sternkoralle hat eng nebeneinander stehende Polypenkelche. Doch die Polypen selbst und ihre Tentakel sieht man in der Regel nur in der Nacht, wenn sie Plankton fangen.

Der Blauring-Oktopus ist unscheinbar klein, doch bei Aufregung leuchten seine strahlend blauen Ringe auf. Das Signal ist ernst gemeint: Der Biss ist tödlich giftig.

© Rich Carey / shutterstock.com

Anglerfische, Meister der Tarnung und Mimikry, bewohnen alle tropischen Meere. Etwa 50 verschiedene Arten sind bekannt. Mit einer »Angel« locken sie ihre Beute an, die sie dann »einsaugen«.

© Joe Belanger / shutterstock.com

Conus- oder Kegelschnecken besitzen eines der am schnellsten wirkenden Gifte der Natur, Conotoxin. Sie können kleine »Harpunen« abschießen und selbst einen Menschen töten.

Gefressen werden? Nein, diese Putzerlippfische der Gattung Labroides sind gerade mit der Mundhygiene der Muräne beschäftigt. Sie werden von ihren Putzkunden nie aufgefressen.

Das größte Glück im Leben von Meeresfreunden: die Begegnung mit dem bis zu 14 Meter langen, doch sanften und harmlosen Walhai, dem größten Fisch der Gegenwart.

© Andrea Izzotti / shutterstock.com

Tümmler, die klugen und sympathischen Säugetiere des Meeres. Wie wir Menschen können sie allerdings auch Dinge tun, die wir als »böse« betrachten.

© Robert Hofrichter

Igelfische wie dieser aus dem Roten Meer sind mit Kugelfischen verwandt und können sich wie diese mit Wasser aufpumpen. Ihre Haut ist durch knöcherne Stacheln geschützt.

Würfelquallen sind die giftigsten Nesseltiere. In manchen Regionen wie in Australien droht in bestimmten Monaten auch Menschen große Gefahr. Strände werden dann für Badende gesperrt.

Der bis über drei Meter große Mondfisch ist wahrlich eine kuriose Kreatur der Ozeane. Seine Weibchen produzieren die meisten Eier unter allen Fischarten – bis zu 300 Millionen!

© fenkieandreas / shutterstock.com

Sepien bzw. Tintenfische bezaubern die Taucher je nach Stimmung durch unglaubliche und schnell ablaufende Farbwechsel – oder eher schon Farbspiele.

© Elisabeth Buchinger

Hammerhaie fallen durch ihren einzigartig geformten Kopf auf. Viele Theorien wurden aufgestellt, jedoch ist die Funktion des Hammers nicht restlos geklärt.

© Greg Amptman / shutterstock.com

Die neun Arten der Stierkopfhaie sind im Indopazifik verbreitet. Sie können auf ihren paarigen Flossen über den Grund sozusagen »laufen«. Dafür sind sie aber schlechte Schwimmer.

© Robert Hofrichter

Die gut getarnten Drachenköpfe oder Skorpionsfische haben spitze, giftige Flossenstrahlen. Verletzungen sind sehr schmerzhaft, doch nicht tödlich.

Die Echte Karettschildkröte ist eine von sechs oder sieben Arten von Meeresschildkröten. Sie alle sind stark gefährdet, die Echte Karette wegen ihres Panzers.

Ein gähnender Wobbegong oder Teppichhai von West Papua im so genannten »Korallendreieck«. Oder war es eine Drohung, weil der Fotograf zu nahe kam?

© Manamana / shutterstock.com

Winkerkrabben sind typische Bewohner der Gezeitenflächen in Mangroven. Nur die Männchen haben die große Winkerschere ausgebildet.

© RHePhoto / shutterstock.com

Was für eine Freundschaft: Der Knallkrebs buddelt ununterbrochen ein Loch, die Grundel hält Wache, gemeinsam bewohnen sie das »Haus«.

© Maximilian Stimmel / shutterstock.com

Der Alatsee bei Füssen in Bayern zeigt, was auch im großen Ozean passieren kann: Unterhalb einer bestimmten Tiefe ist er fast sauerstofflos. Wie das Schwarze Meer, in dessen Tiefe es kein höheres Leben gibt.

© zaferkizilkaya / shutterstock.com

Thunfische sind DIE Symbole für die rücksichtslose Ausbeutung der Ozeane. Man sollte wissen: Ihr Fleisch ist wie das anderer Prädatoren der Meere stark mit dem giftigen Methylquecksilber belastet.

Millionen Haien werden die Flossen abgeschnitten (Finning), vielen bei lebendigem Leibe. Ihre Bestände sind auf ein Zehntel geschrumpft. Haiflossensuppe gilt in asiatischen Ländern als besondere Spezialität.

Hákarl ist zweifellos eine der seltsamsten Spezialitäten aus dem Meer: »vergammeltes«, gummiartiges Fleisch des Grönland- oder Eishais von Island. Sowohl Geruch als auch Geschmack sind sehr … intensiv.

Bild rechts: *Ein etwa 50 Millionen Jahre alter fossiler Haizahn von Otodus obliquus aus Marokko, wohl so etwas wie der Urgroßvater oder Großvater des Megalodon.*

Bild links: *Zahn des legendären »Megalodon«. Der größte Knorpelfisch, den die Welt jemals gesehen hat, war ein aktiver Waljäger. Ausgestorben ist er vor ca. 1,8 Millionen Jahren.*

Bild unten: *Zum Größenvergleich: Ausgewachsene Robben versuchen, vor einem Megalodon zu fliehen.*

schlüpfen die Kleinen, wobei bei niedrigeren Nesttemperaturen um 28 Grad Celsius sich nur Männchen entwickeln, bei höheren um 32 Grad Celsius nur Weibchen. Und damit beginnt ein neuer Lebenszyklus.

Ascension zählt zu den bedeutendsten Niststränden der bedrohten Schildkröte weltweit, und die navigatorische Leistung dieser Tiere zählt zu den erstaunlichsten im gesamten Tierreich. Vielleicht kann sich nur ein Segler genauere Vorstellung davon machen, wie es ist, wenn man von der südamerikanischen Küste startet und genau an einem bestimmten Strand auf einer winzigen Insel mitten im Atlantik eintreffen möchte – ohne Kompass, ohne GPS, nur, indem man sich auf die eigenen Sinne und das Wissen um Wind, Strömungen und Gestirne verlässt.

VON WEGEN NUR FRESSEN UND GEFRESSEN WERDEN …

Freundschaften und Kooperationen im Meer

Zusammenkommen ist ein Beginn,
zusammenbleiben ist ein Fortschritt,
zusammenarbeiten ist ein Erfolg.

Henry Ford

Das Leben und das Schicksal der Schildkröten ist, wie wir gerade gehört haben, hart: Kaum aus dem Ei geschlüpft, geht es für sie um Leben und Tod. Ein Ringen, das die meisten von ihnen verlieren, entweder schon am Strand, noch bevor sie ihr Lebenselement erreicht haben, oder später im Wasser, wo auf die Tiere viele andere warten, die sie zum Fressen gerne haben. Die, die es schaffen, sind ein Leben lang auf sich allein gestellt. Ist so der Ozean: Ein Lebensraum des »Jeder gegen Jeden«, ein Kampfplatz ums Überleben, an dem es nur um das Fressen oder Gefressenwerden geht?

Nun: Jeder Taucher, der tropische Meere erkundet, und jeder meereskundlich gut informierte Biologe kennt *Acropora*. Das ist der wissenschaftliche Name der artenreichsten Gattung von riffbildenden Steinkorallen, die als schnellwüchsige Geweihkorallen und Tischkorallen die allerwichtigste Rolle im Riff spielen.

Acropora-Korallen produzieren einen Schleim, der sie wie eine zweite Haut umgibt und ihnen auf verschiedene Weise nützt. Etwa um die Korallen gegen die Belastung durch zu viele Sedimente zu schützen: Ist sie zu »schmutzig« geworden, dann wird die »zweite Haut« einfach abgestreift. Außerdem schützt die Schleimschicht die Korallen vor unliebsamen Besiedlern, insbesondere vor Algen. Die schnell wachsenden, dichten, haarförmigen Grünalgen *Chlorodesmis* sind für die Korallen besonders lästig: Wenn sie nur könnten, würden sie alles überwuchern und die Korallen zum Absterben bringen. Doch ist ein intaktes Riff ein funktionierendes und hochkomplexes Ökosystem. Koralle und Grünalge sind ja nicht allein und ganze Heerscharen algenfressender Geschöpfe sorgen für Gleichgewicht. Schwärme von Doktorfischen und auch Seeigel weiden den Algenbewuchs ab.

Manchmal allerdings gerät *Acropora* dennoch in Bedrängnis und die Algen setzen ihr schwer zu. Dann greift die Koralle zum Telefon und sendet chemische Hilferufe in die Umgebung. Auf der anderen Seite der Leitung empfängt die Korallengrundel *Gobiodon*, ein reviertreuer Bewohner des Stocks, die Signale. Sie weiß, dass sie ihrem Vermieter helfen muss, wenn sie ihr wunderbares Domizil behalten will. Obwohl die Grundel normalerweise Zooplankton und andere kleine Tierchen frisst, weidet sie an den kommenden Tagen eifrig den Algenbewuchs ab.

Wir sehen: Das Meer ist ein Schlachtfeld, ja, aber andererseits gilt auch, dass fast alle Meeresbewohner – selbst die gefährlichsten Haie – Interessengemeinschaften gebildet haben, die es ihnen leichter machen, die Herausforderungen des Ozeans zu meistern. Um diese Interessengemeinschaften soll es nun gehen.

Danke an die munteren kleinen Putzer

Die ersten Tiere, die ein Taucher in tropischen Meeren sieht, sind nur etwa zehn Zentimeter lange, spindelförmige Fische. Sie haben einen schwarzen Streifen an den Seiten, sind von prächtig blauer Farbe und haben eine ungewöhnliche Schwimmweise: Statt mit den Schwanzflossen bewegen sie sich mit den Brustflossen paddelnd unruhig hin und her. Manchmal beobachtet man dann das Folgende: Plötzlich nähert sich ein grimmig dreinschauender Zackenbarsch, der an seinem riesigen Maul selbst für einen Laien leicht als Raubfisch erkennbar ist. »Hau ab, kleiner Fisch, bring dich in Sicherheit!«, denkt man. Doch es ist zu spät ..., der Raubfisch öffnet sein riesiges Maul und sein Schlund wird sichtbar. Der kleine Fisch verschwindet darin für immer. Es ist vorbei!

»Für immer« währt aber nur kurz, denn wenig später erscheint der muntere Geselle wieder. Unversehrt verlässt er das Maul des Grauens durch den Hinterausgang, nämlich durch die weit abgespreizten Kiemen des Barsches. Bald gesellen sich einige seiner Artgenossen zu ihm. Der Barsch hat zwischenzeitlich eine seltsame Position eingenommen: Den Kopf leicht angehoben liegt er auf der Seite. Unaufhörlich schwirren die kleinen Fische nun ins Maul hinein und wieder hinaus, rund um den Kopf und den ganzen Körper und auch in die Kiemenspalten.

Als ich das Schauspiel vor Jahrzehnten zum ersten Mal sah, wusste ich noch nicht, dass die kleinen Putzerfische ihren Service auch dem Taucher anbieten: Man atmet tief ein, nimmt den Atemregler heraus und öffnet den Mund. Wenn die Putzer in der Nähe sind, geht es blitzschnell, und schon sind sie da und bringen die Mundhygiene auf Vordermann. Essensreste vom Frühstück und alles, was irgendwie loszupulen ist, wird aus dem Mund entfernt. Eine sehr originelle Erfahrung, das kann ich Ihnen sagen! *Labroides dimidiatus*, Meerschwalbe, ist der Name des bekanntesten Putzerfisches. Wie viele andere Putzer gehört er zur Familie der Lippfische, die nach den Grundeln mit mehr als 500 Spezies die zweitartenreichste unter den marinen Fischfamilien ist. Sie sind außergewöhnlich farbenfroh und vielfältig, was Größe und Gestalt angeht. Ihren Namen verdanken sie ihrem »endständigen« Maul, d.h., dass es an der äußersten Spitze des Kopfes liegt, und den wulstigen Lippen, die das Maul auszeichnen. Bei einem Winzling wie dem Putzerlippfisch muss man schon genauer hinsehen, um diese Lippen zu erkennen, doch beim größten aller Lippfische, dem *Cheilinus undulatus* oder Napoleon, sind sie wahrlich nicht zu übersehen. Der Liebling der Taucher kann über zwei Meter lang und bis zu 180 Kilogramm schwer werden.

Putzstationen und falsche Freunde

Es ist dabei schon sonderbar: Da leben die Fische im Wasser, und dennoch hat es für sie enorme Bedeutung, regelmäßig geputzt zu werden. Aber es geht dabei ja auch nicht um das Abwaschen von Staub und Schmutz. Parasiten sind das Problem. Fische und andere Meeresbewohner wie Seekühe, Meeresschildkröten oder Waltiere können sich nur schwer von Hautparasiten befreien, von denen es im Meer unzählige gibt. Darum gibt es in Küstennähe, aber auch bei untermeerischen Bergen Putzstationen als fixe Einrichtung (wo auch andere putzende Fische »ohne Uniform« aktiv sind, Kaiser- und Falterfische etwa). Hierher kommen alle, die sich von Parasiten befreien lassen wollen, die furchteinflößendsten Haie ebenso wie die riesigen Mantas. Ganze Armeen kleiner Putzer stürzen sich auf sie, und sie können sicher sein, dass sie niemals im Schlund der viel größeren Kunden landen. Denn die klassischen kleinen Dienstleister tragen eine Uniform: Die Putzertracht! Auf ihrem länglichen Körper, der prachtvoll blau leuchtet, zeigt sich ein schwarzer Längsstreifen wie z.B. beim *Labroides dimi-*

diatus. Die Jagdinstinkte der Raubfische werden beim Anblick dieser Uniform abgeschaltet, was schon der bekannte Meeresforscher Hans Fricke (der die Quastenflosser als Erster lebend gefilmt hat) vor Jahrzehnten mithilfe von Holzattrappen nachweisen konnte.

Wenn also ein Uniformierter kommt, dann nehmen die interessierten Kunden eine sonderbare Stellung ein, die »Aufforderungshaltung« genannt wird. Von Art zu Art unterschiedlich legen sich manche auf die Seite, andere stellen sich mit dem Kopf nach oben oder nach unten senkrecht ins Wasser oder nehmen sonst eine ausgefallene Körperstellung ein. Sofort machen sich die Putzer dann an die Arbeit. Zeigt sich ein Kunde unschlüssig, dann bedrängen ihn die Putzerfische sanft durch einen »Wipptanz«. Wenn er aber partout nicht will, dann kann der Kunde durch ein Abschütteln signalisieren: Momentan wünsche ich deine Dienste nicht! Doch gefressen wird ein Putzerfisch nie, egal wie aufdringlich er sich aufführt! Dabei ist das Putzen ein knochenharter Job! Studien haben ergeben, dass ein bestimmter Putzerfisch innerhalb von sechs Stunden gleich 300 Kunden bedient hat. Stellen Sie sich vor, Sie müssten das als Friseur oder Masseur bewältigen. Und manchmal ist an den Stationen so viel Betrieb, dass es zu Drängeleien kommt und sich manche Kunden sogar an der Schlange vorbeimogeln.

Und das ist lange nicht der einzige Betrug, wenn es ums Putzen geht. Auch im Meer gibt es Gauner, Betrüger und Scharlatane. Manche nutzen schamlos aus, dass die Kunden der Putzerfische in eine Art Trance verfallen und dabei eine Fresshemmung entwickeln. Sie verkleiden sich einfach und sind als falsche Putzerfische unterwegs. Ein solcher Schwindler ist z.B. der Säbelzahnschleimfisch (*Aspidontus taeniatus*), dessen Name eigentlich schon alles sagt. Er gleicht den echten Putzerfischen im Aussehen wie ein Ei dem anderen und ahmt sogar ihre sonderbare lippfischartige Schwimmtechnik nach. Erkennen kann man ihn nur an der Form des Maules: Schleimfische sind kleine Bodenfische und haben ein sogenanntes »unterständiges« Maul, d.h. es liegt unterhalb der Kopfspitze, damit die Fische am Boden nach Nahrung suchen können. So genau schauen manche Putzkunden aber nicht hin. Sie nähern sich dem vermeintlichen Putzer, nehmen Aufforderungshaltung an und … erleben eine schmerzhafte Überraschung. Der Schwindler nähert sich in der Regel von hinten und beißt mit seinen imposanten »Säbelzähnen« halbmondförmige Stückchen aus der Haut des Kunden.

Die Schwindelei von *Aspidontus* wird in der Biologie Mimikry genannt. Das Wort ist aus dem Altgriechischen entlehnt. *Mímos* bedeutet so viel wie Nachahmer, Imitator oder Schauspieler. *Aspidontus* ist dabei ein so guter Schauspieler, dass manchmal sogar ein echter Putzerfisch, der sich gelegentlich auch von Parasiten befreien lassen muss, auf einen Nachahmer hereinfällt. In der Regel allerdings erkennt der Putzerfisch den Scharlatan und vertreibt ihn aus seinem Revier. Und auch erfahrene, größere Rifffische merken sich jene Stellen, wo sie schon gebissen wurden, und jene, wo die »echten« Putzerfische am Wirken sind.

Weitere Putzer: Das Putzbedürfnis der Fische ist groß

Aber nicht nur Nachahmer machen den echten Putzerfischen Konkurrenz. Zwar ist das Putzen anderer Fische eine besondere Begabung der Lippfische, wobei manche Arten diesem Geschäft nur in der Jugend nachgehen, aber auch andere Tiere im und am Meer haben entdeckt, dass man von Hautparasiten und kranken oder abgestorbenen Hautpartien anderer leben kann. Im Golf von Kalifornien wurden sogar schon riesige Mondfische (*Mola mola*) gesichtet, die sich an der Meeresoberfläche von Möwen putzen ließen.

Vielleicht am Überraschendsten ist dabei die Beteiligung der Grundeln am Putzgeschäft. Grundeln (Gobiidae), mit an die 2.000 Arten die artenreichste Fischfamilie im Meer, sind kleinere bis sehr kleine Bodenfische, die sich in der Regel am Meeresgrund versteckt in Spalten, zwischen Steinen oder in Kleinhöhlen aufhalten. Zu den Grundeln zählt auch der nur 3,5 Zentimeter lange *Elacatinus oceanops*, die Putzer- oder Neongrundel im tropischen Atlantik Amerikas. In der Karibik von Florida bis zu den Bahamas über den Golf von Mexiko bis Belize besetzt diese kleine Grundel die »ökologische Planstelle« des Putzerlippfisches *Labroides* aus dem Indopazifik, der im Atlantik nicht vorkommt. Das Besondere dabei: Die Grundel zieht auch die Uniform des echten Putzers an, obwohl es sich um unterschiedliche Fischfamilien und völlig entgegengesetzte Weltgegenden handelt. Auch wenn die Grundel zwei Streifen hat statt eines, sehen wir hier offenbar so etwas wie eine evolutive Erinnerung des Meeres an eine Zeit, als die großen Ozeane noch nicht vollständig getrennt waren, was erst seit vielleicht drei Millionen Jahren der Fall ist. Vor mehr als 15 Millionen Jahren war auch das Urmittelmeer Tethys, das den Atlantik im Westen mit dem Indik im Osten verband, durchgängig offen. Die Ozeane waren also vor erdgeschichtlich gar nicht so langer Zeit in der Ost-West-Richtung in Verbindung. Aquarienversuche haben dabei gezeigt: Indopazifische Rifffische zeigten auch gegenüber der Karibischen Putzergrundel die Aufforderungshaltung und umgekehrt fand der Putzerlippfisch unter karibischen Rifffischen leicht Kunden. Wie das indopazifische Vorbild so unterhalten auch Neongrundeln feste Putzstationen, die sich häufig auf erhöhten Korallenblöcken oder topografisch sonst auffälligen Plätzen finden. So kann sich die Riffgemeinschaft die Lage ihres Salons gut einprägen. Manchmal halten sich zwischen zehn und bis zu 30 Neongrundeln an der Putzstation auf und warten auf Kunden. Nachts sind diese Salons jedoch geschlossen – Neongrundeln sind tagaktiv.

Ungleiche Freundschaften

Manche Putzer haben also feste Standorte, andere sind mit den Kunden unterwegs. Etwa fünf Jahre meines Lebens als junger Biologe verbrachte ich mit dem Studium einer solchen Art. Die Schild- oder Saugfische (Gobiesocidae) sind eine weltweit vorkommende Familie kleiner Grundfische, die keine Schwimmblase und keine Schuppen hat. Sie zeichnet sich durch ein besonderes Merkmal aus: Die Bauchflossen sind zu einer Saugscheibe verwachsen, und diese ist wesentlich wirksamer als jeder Gumminapf. Eher zerreißt man den kleinen Fisch, als dass man ihn von einer glatten Oberfläche ablöst, wenn er das nicht will. Diese Fähigkeit ermöglicht es den Schildfischen, praktisch jede Oberfläche zu besiedeln: die Unterseite von Steinen, senkrechte Felswände, die der ozeanischen Brandung ausgesetzt sind, Seegrasblätter, Algen, andere Tiere und – andere Fische. Sie ahnen schon, auch sie beteiligen sich am Putzgeschäft.

Eine Saugscheibe haben auch die Schiffshalter (Echeneidae), die Sie vielleicht von Fotos oder aus Dokumentarfilmen kennen. Ihre Saugscheibe ist mindestens so wirksam wie jene der Schildfische, aber sie sind viel größer als diese. Außerdem haben sie ihre Saugscheibe nicht auf dem Bauch, sondern auf dem Rücken, wo sie sich aus der Rückenflosse gebildet hat. Es handelt sich um plattenartige Strukturen, die quer zur Schwimmrichtung stehen und angehoben werden können, wodurch ein Unterdruck entsteht. So docken die Schiffshalter an großen Tieren wie Haien, Rochen, Walen, Meeresschildkröten, Seekühen und anderen an und lassen sich von ihrem so gewonnenen Partner durch die Meere transportieren. Oder ist der Partner gar kein Partner, sondern eher ein Opfer?

Lange Zeit ging man tatsächlich davon aus, dass es sich hier um eine Symbiose handelt, bei der der Schiffshalter etwas besser wegkommt als sein Wassertaxi. Ihr Vorteil ist klar: Schiffshalter können nicht besonders gut schwimmen und haben keine Schwimmblase. Ihre Stärke liegt in der effektiven Saugscheibe. Doch welchen Vorteil zieht der Wirt aus der Beziehung? Nun: Putzdienste natürlich. Es besteht kein Zweifel daran, dass manche Arten von Schiffshaltern wesentlich zur »Reinigung« ihrer Spediteure beitragen, denn in ihren Mägen finden sich hauptsächlich Hautparasiten. Aber: Es gibt auch Schiffshalter, die vor allem Fische, kleine Krebschen oder sonstiges Plankton fressen. Diese sind sozusagen die Geier der Meere: Wenn man sich etwa von einem räuberischen Hai herumtransportieren lässt, dann fallen immer wieder auch nette Häppchen von der Mahlzeit des Hais an. Was für eine Wechselbeziehung haben also Hai und Schiffshalter? Haben wir es hier mit einer Symbiose zu tun, die auf dem Weg zum Parasitismus ist? Der Schiffshalter wird ohne Energieaufwand herumtransportiert, das ist ein Plus auf seinem Konto und ein Minus auf dem seines Wirtes. Denn der muss mehr Energie aufwenden, um sich selbst und die Passagiere voranzubringen. Und da diese fett und zahlreich sein können, bedeutet das Mitschleppen der Schiffshalter manchmal richtig viel Aufwand für die Wirte. Schiffshalter werden aber nie von diesen gefressen, ein Plus für sie und ein Minus für die Wirte. Und dann bekommen die Schiffshalter auch noch die Essenreste ihrer Wirte, ein weiteres Plus. Wenn der Schiffshalter dann tatsächlich als Putzer tätig wird, hat endlich auch der Wirt etwas von der Zweisamkeit, wobei natürlich der Schiffshalter wieder einen Vorteil hat. Er bekommt schließlich etwas in den Magen. Alles in allem fällt die Bilanz dieser »Symbiose« also deutlich zugunsten der Schiffshalter aus.

Und dass die aufdringlichen Saugnapfträger manchem Wirt tatsächlich zum Verhängnis wurden, macht ein Kuriosum am Rande deutlich: In manchen Weltgegenden wurden Schiffshalter früher wie »Jagdhunde« eingesetzt. Fischer banden eine Schnur um ihren Schwanz und ließen sie in der Nähe einer Meeresschildkröte ins Wasser. Ihrer Neigung entsprechend suchten sich die Schiffshalter das nächstgelegene schwimmende Objekt und machten sich an der Schildkröte fest. Diese wurde dann einfach mithilfe von Leine und Fisch aus dem Wasser gezogen, wobei gilt: Je stärker der Zug, desto wirksamer ist die Saugscheibe. Erfolgreiche Jäger wurden in Wasserbehältern wie Haustiere gehalten und liebevoll behandelt. Den erfolglosen drohte allerdings selbst der Kochtopf.

Doch die Schiffshalter putzen auch: Wenn man als Taucher ohne Neopren oder T-Shirt taucht oder schnorchelt, nähert sich manchmal ein kleinerer, vereinsamter Schiffshalter. Und plötzlich beißt er einem fest in die Brustwarze hinein. Aus eigener Erfahrung weiß ich: Das ist nicht schön. Aber der Fisch meint es gut: Er hat die Brustwarze mit einem Hautparasiten verwechselt ...

Der heldenhafte Nemo und seine Anemone: das Ideal einer Freundschaft

Die Anemonenfische der Gattung *Amphiprion*, auch Clownfische genannt, haben es durch den Film »Findet Nemo« zu großer Popularität gebracht. Nachdem der Film ein weltweiter Erfolg war, musste sogar dazu aufgerufen werden, zum einen nicht jedem Kind, das nun auch einen Nemo wollte, diesen zu kaufen, zum anderen dafür zu sorgen, dass die schon gekauften nicht durch die Toilette hindurch »befreit« wurden. Glücklicherweise hat sich dieser Hype gelegt und die Anemonenfische werden in den Riffs dieser Erde wieder mehr in Ruhe gelassen.

Anemonenfische sind Riffbarsche, die mit Anemonen oder Aktinien in Symbiose leben. Aktinien zählen zu den Nesseltieren (Cnidaria) und sind für kleine Fische wegen ihrer Nesselkapseln eigentlich eine tödliche Gefahr. Clownfische freunden sich also mit potenziell tödlichen Fressfeinden an, ja, sie riskieren alles, wenn es darum geht, diese zu verteidigen. Taucher kennen das gut: Wenn man einer Anemone mit einem Clownfisch zu nahe kommt, wird man von diesem Fischchen von imposanten zehn Zentimetern Größe oder weniger brutal angegriffen. Es verteidigt seine Anemone, die seinen Lebensmittelpunkt darstellt – und auch den seiner großen Familie. Denn in bewohnten Anemonen lebt immer ein kleiner Familienclan. Das Verhältnis von Geben und Nehmen in dieser Symbiose ist natürlich auf den ersten Blick zu erkennen: Der Clownfisch hat einen Lebensraum, in den sich andere wegen der nesselnden Gefahr nicht hineintrauen, und ist dort sicher. Und die Anemone hat einen wütenden Verteidiger, der diejenigen, die sich an ihren Tentakeln gütlich tun wollen (manche Falterfische und Feilenfische machen das), in die Flucht schlägt.

Das ist aber noch nicht alles: Von Fischen besiedelte Anemonen haben zwei weitere Vorteile. Sie wachsen dreimal schneller als Seeanemonen ohne Fische und vermehren sich häufiger durch Zweiteilung. Beides hängt wahrscheinlich damit zusammen, dass fischbesetzte Anemonen besser genährt sind, denn die Fischchen scheiden mit ihrem Kot Stickstoff aus. Dieser Dünger wird von einzelligen Mikroalgen, die in den Anemonen leben, durch Fotosynthese in Zucker, Aminosäuren, Vitaminen und andere Vitalstoffe umgebaut, was dann wieder der Anemone zugutekommt.

Bleibt noch die Frage zu klären, warum die Nemos nicht auch selbst genesselt werden. Hypothesen und Theorien dazu gibt es zahlreiche, und vermutlich ist die Antwort auf diese Frage komplex. Tatsache ist, dass Anemonen für Fische in der Größe der Clownfische tödlich sind. Und offensichtlich ist auch, dass Anemonenfische nicht ohne weiteres in irgendeine Anemone hinein schwimmen können, sondern sich den Schutz sozusagen erarbeiten müssen. Sie machen das, indem sie sich buchstäblich »einschleimen«. Die Anemonen müssen sich nämlich auch vor sich selbst schützen: Im gezeiten- und strömungsbewegten Meer schwanken ihre Tentakeln ununterbrochen hin und her und berühren sich dabei immer wieder. Durch einen besonderen Schleim auf ihren Tentakeln und chemische Botenstoffe verhindert die Anemone, dass bei diesen Berührungen die Nesselkapseln auf den Tentakeln ausgelöst werden und sie sich selbst angreift. Durch vorsichtiges »Beschwimmen« der Anemone gelingt es dem Clownfisch, nach und nach so viel Schleim auf die eigene Haut zu bekommen, dass die Anemone ihn nicht mehr als fremd erkennt. Dabei erfolgt dieses Einschleimen sowohl am Anfang der Partnerschaft als auch nach längerer Abwesenheit des Clownfisches. Und es funktioniert auch nur für eine bestimmte Anemonenart, nicht für alle generell. Manche Forscher nehmen an, dass molekulare Absonderungen der Anemonen bereits in den Laich der Clownfische eindringen, der neben dem Fuß der Anemone abgelegt wird. Nach der Eiablage wird das Gelege etwa eine Woche lang vom Männchen mit dem Maul gesäubert und mit den Brustflossen befächelt. Somit hätten die Larven bereits eine Art Vorinformation von ihrem zukünftigen Schutzherrn und umgekehrt, so dass sie sich den Anemonen gefahrloser nähern können als andere Meerestiere. Zugleich wird diskutiert, ob Clownfische auch noch einen eigenen, selbst produzierten Schleimüberzug haben, der auf Zuckern basiert und nicht auf Eiweißen wie sonst bei Fischen üblich. Wie sich der Anfang dieser wunderbaren Freundschaft aber ganz genau gestaltet, das ist immer noch das kleine Geheimnis dieses symbiotischen Paares.

Auch andere Tiere des Meeres gehen Bündnisse mit Nesseltieren ein, um sich unter deren Schutz zu begeben. Wunderschöne Arten der Gattung *Periclimenes* (Garnelen) finden sich in verschiedenen Teilen der Welt in verschiedensten Anemonen. Auch Krabben wohnen bei Nesseltieren gerne zur Untermiete. Oder sie kehren, wie die Boxerkrabben, das Verhältnis einfach um: Die kleinen Krabben tragen auf ihren Scheren winzige Anemonen, die sie wie Schlagringe einsetzen. Nähert sich ein Fressfeind, der sich die Krabbe einverleiben möchte, dann gibt es eine schnelle »Rechts-links-Kombination«, die sich genesselt hat. Manchmal tragen die Krabben dabei in einer Schere eine andere Anemonenart als in der anderen.

Auch im Freiwasser, dem sogenannten Pelagial, kommen solche Partnerschaften vor. Im freien Ozean gibt es ja kaum Möglichkeiten, sich zu verstecken. Hier und da treibt vielleicht einmal ein Tangbüschel, ein Stück Holz oder – in moderner Zeit – ein Plastikkanister. Aber ansonsten: offene See und jede Menge hungriger Meeresbewohner. Da sind Nesseltiere willkommene Partner, um etwas Schutz zu bieten. Rund um große Quallen etwa halten sich gern Fische aus der Familie der Stachelmakrelen (Carangidae) auf. Manche Garnelen und Krabben benutzen Quallen auch wie Unter-Wasser-Flöße. Sie hocken einfach auf ihnen und lassen sich treiben in der Gewissheit, dass die meisten Fressfeinde Scheu vor ihren nesselnden Booten haben. Blöd nur, wenn einer der riesigen Mondfische vorbeikommt: Die fressen Quallen – und auch das, was auf ihnen hockt – liebend gern.

Ein echter Leckerbissen für Oktopusse, also für Tintenfische mit acht Armen, sind Einsiedlerkrebse der Gattung *Dardanus*. Aber auch diese wissen sich zu wehren, indem sie mit *Calliactis parasitica*, einer Anemone, die im Ostatlantik und dem Mittelmeer vorkommt, eine Partnerschaft eingehen. Der Beiname *parasitica*, den die Anemone trägt, macht dabei deutlich, dass wir Menschen einige Zeit gebraucht haben, um zu verstehen, wie das Zusammenleben zwischen Krebs und Nesseltier eigentlich funktioniert. Frühere Forscher waren ja noch nicht in der glücklichen Lage, in die Tiefen abtauchen zu können. Sie mussten sich damit begnügen, Schleppnetze und schlittenartige Probenahmegeräte über den Meeresboden zu ziehen. Was sie damit heraufholten, war natürlich ein ziemliches Durcheinander von zum Teil beschädigten Tieren in einer schlammigen Masse. Immer wieder fand man dabei auf den Schneckenhäusern von Einsiedlerkrebsen einzelne oder mehrere Anemonen. Aha, dachte man: Parasiten. Und schon war der Name der Anemone geboren: *Calliactis parasitica,* zu Deutsch Schmarotzerseerose.

Einen ganz anderen Eindruck gewann man, als man dann tatsächlich unter Wasser die Tiere in ihrem Element beobachten konnte. Der tauchende Biologe unternimmt einen Nachttauchgang. Im Kegel seiner Lampe kann er sehen, wie ein großer *Dardanus*-Einsiedler herumwandert. Auf einem Schneckenhaus schleppt er verhältnismäßig große Anemonen mit sich herum. Merkwürdig ist: Diese sind nicht nach oben gerichtet, sondern wie die Mähmaschinen der Autobahnmeisterei zum Grund hin geneigt. Die Anemone sammelt so mit ihren bodennahen Tentakeln Nahrungspartikel vom Untergrund auf. Für sie ein riesiger Vorteil: Mithilfe des Einsiedlers kann die eigentlich ortsfest-unbewegliche Anemone aktiv nach Nahrung suchen. Sie ist nicht darauf angewiesen, dass zufällig gerade etwas vorbeidriftet.

Und der Einsiedler? Der fürchtet sich vor seinem Todfeind, dem Oktopus, der wie er selbst besonders gern in der Nacht auf die Jagd geht, und ein Schneckenhaus wäre für einen Tintenfisch ein leicht zu überwindendes Hindernis. Mit den Saugnäpfen seiner Tentakelspitzen zieht er den Krebs einfach aus dem Haus. Die Nesseln der Anemonen meidet der Krake aber wie der Teufel das Weihwasser.

Von wegen *parasitica* also! Wir haben hier das Musterbeispiel einer ausgeglichenen Symbiose vor uns: Perfekter Schutz im Austausch gegen Beweglichkeit und ein wesentlich verbessertes Nahrungsangebot. Dabei darf man nicht vergessen: Auch von der Nahrung, die der Einsiedler erbeutet und zerkleinert, fällt für den Partner häufig etwas ab.

Doch ist für den Krebs die Schlepperei natürlich auch lästig. Und tatsächlich macht er es sich manchmal auch leichter: Aquarienversuche haben gezeigt, dass Einsiedler ihre Anemonen vorsichtig ablegen können, wenn sie längere Zeit keiner Gefahr ausgesetzt sind, was ja im krakenfreien Glasbehälter der Fall ist. Hier ist der Einsiedler auch gerne mal ohne sein Nesseltier auf dem Buckel unterwegs. Doch dann kommt der böse Verhaltensforscher. In der Hand hat er eine Pipette, in die er Wasser aus einem anderen Aquarium aufgesaugt hat, in dem ein Oktopus gehalten wird. Heimtückisch, doch mit großem Forscherdrang ausgestattet, nähert er sich dem Becken mit dem Einsiedler und lässt etwas Wasser aus der Pipette hineintropfen. Schlagartig wird der Einsiedler panisch. Verzweifelt sucht er seine Anemonen, beklopft ihre Füße, damit sie sich vom Untergrund lösen, und setzt sie so schnell wie möglich auf sein Schneckenhaus. Nur wenige Spuren des Geruchstoffes des Todfeindes reichen aus, und schon werden die Anemonen wieder zur angenehmen Last.

Grundel und Krebs teilen sich ein Haus

Gegenseitige Unterstützung, die mit viel Arbeit verbunden ist, kennzeichnet auch das Verhältnis zwischen dem blinden Pistolen- oder Knallkrebs *Alpheus* und den Grundeln der Gattungen *Cryptocentrus* und *Amblyeleotris*, mit denen er zusammenlebt. Beide sind am Boden tropischer Meere auf ausgedehnten Sandflächen zu Hause. Was für einen riffverwöhnten Taucher sehr eintönig aussieht, ist für die beiden in Wahrheit ein reich gedeckter Tisch. Das *Mesopsammon*, die Welt zwischen den Sandkörnern, zählt zu den wunderbarsten Lebensräumen unseres Planeten. Unzählige Organismen aus nahezu allen Stämmen sind darin zu finden, zu Millionen, und alle miniaturisiert. Ihre Strategie ist es, sich so klein zu machen, dass sie ohne besonderen Energieaufwand im

Sandlückenraum leben können. Und von genau diesem reich gedeckten Tisch wollen Pistolenkrebs und Grundel sich etwas nehmen.

Allerdings gibt es da zwei Probleme. Wer auf einer weiten Fläche im offenen Meer herumschwimmt, der befindet sich auf einem Präsentierteller. Grundel und Krebs müssen sich verstecken, wenn sie überleben wollen. Und das machen sie, indem sie in eine Sandhöhle einziehen. Und zwar gemeinsam in eine. Denn es gibt eine andere Schwierigkeit: Ein Loch im Sand ist alles andere als stabil. Ständig bröckeln die Wände, und Sand rutscht in die Höhle.

Und hier genau arbeiten Krebs und Fische zusammen: Während der Krebs ununterbrochen baggert, um das Loch als Loch zu erhalten, hält die Grundel Wache und mit der Schwanzflosse Kontakt zu den Antennen des Krebses. Wenn Gefahr droht, wird ein Signal nach hinten gesandt, und beide verschwinden blitzschnell im gemeinsamen Haus.

Um ein gemeinsames Haus der besonderen Art geht es auch im nächsten Kapitel. Und auch dieses ist gebaut auf einer Kooperation, nämlich der zwischen riffbildenden Steinkorallen und winzigen Mikroalgen, die zu Millionen im Korallengewebe leben, um intensiv und zu beiderseitigem Nutzen alle möglichen Stoffe auszutauschen. Lassen Sie sich nun in diese Welt unbeschreiblicher Schönheit entführen.

DIE GRÖSSTEN BAUMEISTER DER ERDGESCHICHTE

Eine Tauchreise in die Wunderwelt der Korallenriffe

Aus dem Garten der Schönheit in Blättern und Bäumen,
in Blüthen und Früchten
wollen wir ins nasse Reich Neptuns hinabsteigen;
wohnt Schönheit auch hier?

Johann Gottfried Herder (1744 – 1803)

Wie hätte Herder die Antwort auf seine Frage auch kennen können? Vor mehr als 200 Jahren hatten Menschen kaum technische Möglichkeiten, die Schönheiten der Unterwasserwelt zu erkunden. Herder bereiste zwar Italien, aber tote Fische vom Markt können keinen wirklichen Eindruck von den Schätzen in Neptuns Reich – oder gar einem lebenden Ökosystem – vermitteln. Uns fällt es heute hingegen leicht, eine Antwort auf Herders Frage zu geben: Ja, dort wohnt die Schönheit! Denn bei allem Respekt und bei aller Liebe zu Wiesen und Wäldern: Auf diesem Planeten gibt es nirgendwo eine konzentriertere, dichtere Schönheit auf engstem Raum als in den Regionen der tropischen Meere, in denen Korallenriffe gedeihen. In eine solche Gegend – sie liegt auf der anderen Seite der Welt – möchte ich Sie in diesem Kapitel entführen.

Auch wenn man als tauchender Biologe, Naturfotograf und Dokumentarfilmer schon viel von der Welt gesehen hat, bleiben manche Träume lange unerfüllt. Zu Beginn der 1990er-Jahre konnte ich die Malediven kennenlernen, als sie noch intakt waren. Gegen Ende des Jahrzehnts folgten die Seychellen. Und danach noch weitere faszinierende Korallenriffgebiete. Eines aber war immer ein Ziel: Ich musste einmal nach Raja Ampat. 2011 war es dann soweit.

Die Vier Könige und ein paradiesisches Dreieck

Raja Ampat bedeutet »Vier Könige« und liegt im äußersten Westen der Insel Neuguinea, der zweitgrößten Insel der Erde. Politisch gehört das Gebiet zu Indonesien. Die Vier Könige sind die Hauptinseln einer Inselgruppe, die vielleicht 1.800 Eilande umfasst: Misool im Süden, Salawati und Batanta im Osten und Waigeo im Norden. Noch weiter im Norden liegt Palau, dessen grün bewachsene, erodierte Kalk-Pilzinseln Sie vielleicht aus Reiseprospekten oder von Dokumentarfilmen kennen. So ähnlich sieht auch Raja Ampat aus.

Wie nun soll man unbeschreibliche Schönheit beschreiben? Vor diesem Problem steht jeder, der über diese Region erzählen möchte. Schon die Natur an Land ist überwältigend, doch unter Wasser verschlägt es einem vollends die Sprache. Manch felsige Überhänge, Steilwände und Korallenriffe sind so dicht mit den buntesten Lebewesen in allen Formen bewachsen, dass die Vielfalt sich einer Beschreibung einfach entzieht. Auf jedem Quadratmeter des Meeresgrundes könnte man Stunden und Tage verweilen, um alle Eindrücke in sich aufzunehmen. Und selbst als studierter Meeresbiologe ist man bei den ersten Tauchgängen ratlos und rätselt, um was für eine Kreatur es sich handeln könnte, der man gerade begegnet. Auf jedem filigranen Ästchen wächst irgendetwas noch Filigraneres und alles schimmert in allen nur denkbaren Farben. Ist diese dreidimensionale Welt voller Algen, Schwämme, einer unvorstellbaren Vielfalt an Korallen und anderer Nesseltiere, an Moostierchen, Kalkröhrenwürmern, Seescheiden und

Stachelhäuter schon überwältigend, so kommen noch an die 1.500 Arten Fische in den buntesten Farben und ungewöhnlichsten Formen hinzu, die in unmittelbarer Riffnähe leben.

Viele Arten sind in der Region endemisch – es gibt sie nur hier. Die biologische Vielfalt zieht sich durch alle Gruppen: Bei den riffbildenden Steinkorallen (Scleractinia) sind es 550 Arten – das sind 75 Prozent der weltweiten Artenzahl. Schon eine oberflächliche Studie hat 700 Arten von Weichtieren (Mollusca) ermittelt. Zwischen den endlos vielen kleinen und größeren Inseln tummeln sich 17 Arten von Meeressäugern, darunter Wale, Delfine und die Gabelschwanz-Seekühe, Dugongs genannt. Bei Nachttauchgängen begegnet man den seltsamsten Kreaturen, und manchmal kann es passieren, dass etwas etwa einen Meter Langes, Schlankes und Geflecktes am Taucher »vorbeiläuft«. Ein Epaulettenhai der Gattung *Hemiscyllium*, ein sogenannter *walking shark*. Seine Brust- und Bauchflossen sind, wie auch die dazugehörige Muskulatur, mächtig entwickelt, und er hat bis zu 195 Wirbel, die ihm eine schlängelnde Fortbewegung ermöglichen. An diesen Haien wird sichtbar, wie sich einst aus Fischen Landwirbeltiere entwickeln konnten.

Man kann hier allerdings Kreaturen begegnen, die nicht friedlich vorbeispazieren. Hier leben auch Salzwasser- oder Leistenkrodile (*Crocodylus porosus*), bei den Tauchern »Salties« genannt. Gerne verniedlicht man ja, wovor man sich fürchtet. Und vor den Salties sollte man besser Angst haben. Früher konnten männliche Tiere über sieben Meter lang und eine Tonne schwer werden. Heute sind solche Exemplare rar geworden, aber auch kleinere Tiere haben es in sich: Kurz nach unserer letzten Reise in die Region im Jahr 2016 wurde im weiteren Bekanntenkreis ein junger russischer Tourist von einem Krokodil getötet. Er war in einem Mangrovengebiet schnorchelnd unterwegs gewesen, in dem auch wir schnorcheln waren ...

Lange galt Raja Ampat unter Meeresbiologen und Tauchern als das *Nonplusultra* der Unterwasserwelten, als die »Mutter aller Riffe«, doch scheint Atauro in Osttimor noch artenreicher zu sein. Ob aber Atauro oder Raja Ampat aus der Perspektive von Tauchern »besser« ist, ist eine sinnlose Diskussion. Diese entlegenen Regionen des Meeres sind immer so etwas wie eine Fabrik für Arten und Vielfalt, und auch ihr weiterer Umkreis hat es ökologisch in sich. Und damit sind wir im sogenannten Korallendreieck.

Eine Linie entlang der Ostküste Borneos, nördlich davon bis zu den Philippinen, dann im Uhrzeigersinn an Neuguinea vorbei bis weit nach Osten in den Pazifik hinein zu den Salomonen und dann südlich von Neuguinea zurück zu den Inselketten Indonesiens bis nach Bali – dieses unregelmäßige Dreieck umfasst in etwa das weitere Umfeld von Raja Ampat. Hier konzentriert sich auf 5,7 Millionen Quadratkilometern, das ist ungefähr die Hälfte der Fläche der USA, die höchste marine biologische Vielfalt unseres Planeten. Ihr Reichtum besteht nicht nur in Korallenriffen, sondern aus einer Kombination von vielfältigen und recht unterschiedlichen Lebensräumen: Felsige Küsten, unendlich viele Inseln mit zahllosen Kanälen dazwischen, sehr stark exponierte Strömungsgebiete und geschützte Buchten, in denen sich feinstes Sediment ablagern kann, Regenwaldgebiete mit Flussmündungen, schwarze Lavasandstrände und reinster, fast weißer Korallensand, Seegraswiesen und die ausgedehntesten Mangrovenwälder der Welt, dazu flache Meere und sehr tiefe – all das gibt es hier. Eine ungeheure Vielfalt der ökologisch unterschiedlichsten Lebensräume auf engstem Raum. Diese Vielfalt bietet zahllose biologische Nischen, in denen sich ganz unterschiedliche Arten mit unzähligen Lebensentwürfen und Überlebensstrategien entwickeln konnten. Sechs der sieben Arten von Meeresschildkröten haben hier ihre Niststrände. Der Blauwal, das mit bis zu 200 Tonnen schwerste Tier aller Zeiten, schwimmt in diesen Gewässern ebenso wie die Pottwale, dazu jede Menge Delfine und die schon erwähnten bedrohten Dugongs. Über 3.000 verschiedene Fischarten finden wir hier: den urzeitlichen Quastenflosser (*Latimeria menadoensis*) ebenso wie die niedlichen »Nemos«, die Clown- oder Anemonenfische, von denen wir schon gehört haben. Walhaie und Mantas schwimmen ebenso vorbei wie Bonitos. Die Hälfte des weltweiten Thunfischfangs erfolgt im Gebiet des Korallendreiecks. Nirgendwo sonst auf der Welt existiert eine buntere Vielfalt an Korallenfischen: 37 Prozent aller 6.000 heute bekannten Arten leben hier. Viele davon sind in bestimmten kleineren Regionen endemisch – sie kommen also nur dort und sonst nirgendwo auf der Welt vor. Und zugleich leben hier mehr als 150 Millionen Menschen, für die zu einem großen Teil gerade dieser Fischreichtum die Grundlage ihrer Existenz ist.

Topografie und Nesseltiere – Wie die Riffe zu dem wurden, was sie sind

Doch warum gibt es gerade hier diese Vielfalt, und nicht etwa in der Karibik oder in anderen tropischen Meeresregionen? Um das zu verstehen, müssen wir einen Blick in die Vergangenheit und auf das dramatische Auf und Ab des Meeresspiegels werfen, von dem wir an anderer Stelle in diesem Buch schon gehört haben.

Noch vor 15.000 bis 20.000 Jahren lag der Meeresspiegel um bis zu 130 Meter tiefer als heute und solche Schwankungen hat es erdgeschichtlich immer wieder gegeben. Was heute eine Küstenlinie ist, war vielleicht schon einmal ein Areal kurz unterhalb einer Bergspitze. Und ein tiefer Meeresgraben war möglichweise einmal Teil eines flachen Meeres. Der Meeresspiegel ändert sich aber nicht von heute auf morgen. Ganze Lebensgemeinschaften bzw. Ökosysteme mussten im Laufe von Tausenden von Jahren immer einmal wieder tiefer steigen und mit dem steigenden Wasser wieder höher. Dabei konnten sie sich in einer periodisch sich ändernden Umgebung nicht nur erhalten, sondern auch massiv weiterentwickeln. Denn in der ständig sich verändernden Topografie des Meeres tauchten Barrieren auf, wo bisher keine waren. Das trägt zur raschen Artbildung bei. Isolierte Populationen einer Art können sich in geologisch gesehen relativ kurzen Zeiträumen zu mehreren Arten aufspalten – Biologen nennen das allopatrische Artbildung. Wenn sich die Meereswege wieder öffnen und die Verwandtschaft wieder zusammenkommt, dann stellt sich heraus, dass sie miteinander nicht mehr können. Eine reproduktive Barriere, sie mag in den Genen oder im Verhalten liegen, verhindert eine weitere Vermischung, und beide neue Arten gehen fortan eigene Wege. In anderen Fällen klappt es auch nach dem neuerlichen Aufeinandertreffen mit der Reproduktion. Sich geringfügig unterscheidende Formen bringen fruchtbare Nachkommen hervor und hybridisieren. So schaffen sich ständig verändernde Lebensräume und Lebensbedingungen eine schier endlose Palette an Vielfalt. Und doch ist dies nur ein Grund dafür, dass die Wunderwelt der artenreichen Riffe entstehen konnte.

Einen riesigen Beitrag leisten nämlich die kleinen »Häuslebauer« des Meeres selbst. Die Rede ist von den Steinkorallen (Scleractinia) vom Tierstamm der Nesseltiere (Cnidaria). Die zu diesem Stamm zählenden Arten – und das sind immerhin an die 11.000 Spezies – haben entweder die Form eines Polypen, bei dem ein Tentakelkranz mit dem Mund in der Mitte sozusagen nach oben schaut, oder aber die einer frei schwimmenden Meduse, bei der es genau umgekehrt ist: Die Tentakeln hängen nach unten, der Mund befindet sich auf der Unterseite des Schirms. Die Medusenform kennen manche von uns von Vernesselungen, die wir uns vielleicht einmal bei einem Badeurlaub am Meer durch eine Schirmqualle geholt haben. Bemerkenswert ist: Manchmal wechselt innerhalb ein und derselben Art ein Polypenstadium mit einem Medusenstadium ab. Wir können uns das schwer vorstellen, weil wir (und unsere Hunde, Katzen, Hamster etc.) nur in einer Lebensform existieren. Die Nesseltiere aber eben nicht. Man spricht hier von einem Generationswechsel innerhalb der Art.

Zu den Nesseltieren zählen vier unterschiedliche Untergruppen: Die schon erwähnten Schirmquallen und die giftigen Würfelquallen, auf die wir in einem anderen Kapitel noch eingehen werden. Beide kennen wir vor allem im Medusenstadium, obwohl sie irgendwo am Meeresgrund versteckt auch in Polypenform leben. Daneben gibt es als dritte Gruppe die sogenannten Hydrozoen, deren Formenvielfalt schier unübersehbar ist, und schließlich jene vierte Gruppe, von der wir jetzt reden und zu der alle Korallentiere zählen: die Blumentiere oder Anthozoa.

Ihre Lebensform ist der Polyp mit unterschiedlich vielen Tentakeln. Die frühen Naturforscher tauften sie Blumentiere, weil ihnen nicht klar war, ob es sich bei ihnen um Pflanzen oder eben um Tiere handelte. Zwar meinte schon der französische Forscher Jean André Peyssonel im Jahr 1723, dass Korallen Tiere seien, doch niemand wollte ihm glauben. Tiere hatten schließlich Augen, einen Mund und Beinchen. Nichts von diesen vertrauten Merkmalen (bis auf den Mund) gab es aber bei den Polypen. Sie konnten also keine Tiere sein …

Und tatsächlich können die Polypen ja wie Blumen aussehen und mindestens ebenso bunt und vielfältig sein. Einige Blumentiere bestehen z.B. aus nur einer »Blume« (einem Polypen), dann ist die Art solitär, wie die Seeanemonen. Andere wachsen in Kolonien, in denen sich unzählige »Blumen« (= Polypen) zu einem flächendeckenden Verband vereinigen, so wie es die Krustenanemonen und die riffbildenden Steinkorallen machen. Dazu kommen noch weitere Unterschiede. Manche Blumentiere sind weich, andere dagegen bauen ein steinernes Haus. Und was für eines! Mögen diverse Herrscher gigantische Monumente ihrer Macht errichtet haben, oder mag moderne Architektur beeindruckende Höhen erreichen: Menschliche Kraft und menschlicher Einfallsreichtum haben es nicht vermocht, in 20 Millionen Jahren Bauzeit ein mehr als 2.000 Kilometer langes und bis zu 300 Kilometer breites Bauwerk zu errichten. Und die, die diese unvorstellbare Menge an Baumaterial für das *Great Barrier Reef* zusammentrugen, waren keine Kyklopen, sondern Winzlinge, oft nur Millimeter groß, die das, was sie brauchten, als Kalkabscheidungen selbst herstellten! Riffbildende Steinkorallen, die Scleractinia, schufen das Wunder, von dem James Cook, der Kapitän der Endeavour, der als erster Europäer dieses Seegebiet erkundete , 1770 schwärmte: »Es ist eine gewaltige Mauer aus Korallenfels, die steil aus den unergründlichen Tiefen des Meeres emporragt.« Seit 1981 ist sie Weltnaturerbe der UNESCO.

Die wahren Wunder der Korallen liegen im Verborgenen

Aber wie bekommen diese kleinen Baumeister es hin, ein solches Riesenwerk zu vollbringen? Nun: Ganz ohne Hilfe geht es nicht, womit wir wieder beim Thema Kooperation im Meer angelangt sind. Riffbildende Steinkorallen haben eine astronomische Zahl von Unterstützern, die noch viel winziger sind als die Baumeister selbst und nur im Mikroskop erkennbar werden. Auf jedem Quadratzentimeter Korallengewebe kann man bis zu 2,5 Millionen von ihnen finden. Man nennt sie *Symbiodinium,* eine Gattung der Panzergeißler. Das sind Einzeller, die vor allem im Plankton der Meere leben. Etwa 1.000 Arten Panzergeißler gibt es, und die meisten davon betreiben Fotosynthese. Und das ist auch der Grund, warum sie mit den riffbildenden Korallen eine Lebensgemeinschaft bilden. Die Panzergeißler besiedeln das Gewebe der Korallen und nehmen das Kohlendioxid auf, das die Korallenpolypen als Tiere, die sie nun einmal sind, produzieren. Dieses können sie mittels Fotosynthese verstoffwechseln und auf diese Weise nicht nur prima leben, sondern dem Wirt gleich auch noch etwas zurückgeben: vor allem Sauerstoff und Zucker nämlich. Das funktioniert, solange die Wassertemperatur zwischen 20 Grad Celsius in der kälteren Jahreszeit und 30 Grad Celsius in der wärmsten Zeit des Jahres liegt. Wo es im Winter längere Zeit kalt ist, wie in der Nordsee oder (noch) im Mittelmeer, gibt es riffbildende Korallentiere mit dieser Symbiose nicht – und darum auch keine Korallenriffe. Und was passiert, wenn das Wasser längere Zeit zu warm ist, davon hören wir noch.

Die Zooxanthellen, wie man die Partner-Panzergeißler in Summe nennt, und ihre Wirte leben also in einer echten Symbiose, sie geben und nehmen zum beidseitigen Nutzen. Weil diese Zooxanthellen im Gewebe ihrer Wirte leben, kategorisiert man sie als Endosymbionten. Nur Korallen, die diese Partner haben, man spricht dann von zooxanthellaten Korallen, sind in der Lage, enorme Bauleistungen zu vollbringen: Eine Koralle mit Zooxanthellen kann zehn Mal mehr Kalziumkarbonat produzieren als eine ohne solche Partner. Und das ist auch nötig, denn das Leben im Riff ist hart. Säuren greifen das Baumaterial an, jede Menge bohrender Organismen knabbern am Kalk (dieses Phänomen heißt Bioerosion) und bei Stürmen werden große Bereiche des Riffs zerstört. Nur wer mit seiner Bauleistung schneller ist als die zerstörerischen Kräfte, kann auf Dauer wachsen. Nahezu alle Korallen, die am Bau tropischer Korallenriffe in den lichtdurchfluteten, seichten Meeresbereichen beteiligt sind, beherbergen darum Zooxanthellen als Endosymbionten.

Die perfektesten Verteidigungs- und Angriffswaffen der Welt

Kooperation und Symbiose ist das eine. Sich verteidigen zu können und Nahrung zu erbeuten das andere. Hier sind die Nesseltiere ganz auf sich gestellt, Partner brauchen sie dabei keine, denn sie haben eine einzigartige Waffe. Kein anderer Tierstamm verfügt über ein vergleichbares Arsenal, und obwohl die Nesseltiere stammesgeschichtlich recht ursprünglich sind und zu den am einfachsten gebauten Tieren zählen (im zoologischen Vokabular könnte man sie primitiv nennen), meinen manche Forscher, dass die Waffen der Nesseltiere komplexer sind als die Nervenzellen des menschlichen Gehirns. Der physiologische Mechanismus dieser Waffe ist tatsächlich kaum in wenigen Sätzen zu erklären.

Die Waffen heißen Cniden, Nesselkapseln, die in Nesselzellen eingebaut und in der äußeren Hautschicht der Nesseltiere so verteilt sind, dass Ansammlungen besonders hoher Dichte entstehen, die sogenannten Batterien. Diese findet man in erster Linie auf den Tentakeln, doch je nach Art auch auf anderen Teilen des Nesseltiers. Die Zahl der Batterien kann 1.000 oder mehr erreichen, die Zahl der Nesselzellen mehrere Millionen.

Wir haben es also mit Zellen zu tun, deren Inneres fast vollständig durch Nesselkapseln ausgefüllt ist und in denen für das Cytoplasma kaum noch Platz bleibt. Die Kapselhülle ist versteift, während das Kapselinnere einen fünf bis 100 Mikrometer (Tausendstel Millimeter) langen Nesselschlauch enthält. Dieser ist manchmal auf spitzen Stiletten aufgewickelt. Sie sind dazu da, eine Wunde in die Haut des Opfers zu stechen. Und dann kommt es auf den Inhalt der Kapsel an: Diese ist flüssigkeitsgefüllt und enthält ein Gemisch hochwirksamer Toxine, von denen manche tödlich sind. Um nun einen kleinen Fisch oder Krebs zu erbeuten, braucht das Nesseltier noch einen Auslöser für seine Waffen: Das kann im einfacheren Fall wie bei den Blumentieren eine Sinnesgeißel (Cilie) sein, bei anderen ist es ein längerer borstenförmiger Fortsatz (ein sogenanntes Cnidocil). Mit Kameras, die 1,4 Millionen Bilder pro Sekunde schießen, konnten Forscher den Vorgang unter dem Mikroskop auflösen, der in Gang kommt, wenn die Waffe durch einen passenden Reiz ausgelöst wird: Die Penetranten stoßen ihr Stilett extrem schnell aus, stanzen damit ein kleines Loch in das Opfer, stülpen ihren Nesselschlauch aus, der genau durch das vorbereitete Loch ins Opfer findet und injizieren ihr Nesselgift in die Beute. All das passiert in Nanosekunden und in mikroskopisch kleinen Dimensionen: Zwischen Nesselkapsel und Haut des Opfers sind es gerade 13 Mikrometer. Doch der Vorgang erfolgt mit einer Beschleunigung, die alles andere als mikroskopisch ist und die man nicht für möglich halten würde: 4 bis 5,4 Millionen g, wobei mit »g« die normale Erdbeschleunigung (Normfallbeschleunigung) bezeichnet wird.

Jahrzehntelang haben Forscher darüber gerätselt, wie eine solche Beschleunigung überhaupt zustande kommen kann. Sie meinten, dass in der Kapsel ein osmotischer Innendruck von ca. 140 Bar erzeugt werde, der dann das Ausschleudern verursache. 140 Bar, das ist ein extrem hoher Druck, das ist etwa 70 Mal so viel wie in einem durchschnittlichen Autoreifen. Und dieser Druck soll in einer lebenden Zelle möglich sein? Neuere Forschungen lassen dagegen vermuten, dass in der schussbereiten Kapsel gar kein Überdruck herrscht, sondern eine Coulomb-Explosion diese enorme Beschleunigung möglich macht. Hierbei handelt es sich um einen äußerst komplizierten physikalischen Vorgang, der sich auf atomarer Ebene abspielt und bei dem Ladungsdifferenzen zwischen atomaren Teilchen eine Rolle spielen. Die Details ersparen wir uns hier. Festzuhalten ist: Ihre Hightech-Waffe und die Partnerschaft mit ihren Mikroalgen machte die Nesseltiere zu einer äußerst erfolgreichen Gruppe von Lebewesen, die seit dem frühen Kambrium bis heute die Meere dominiert. Aber: Ihnen droht Gefahr.

Bleich wie der Tod: Wenn die größten Bauwerke der Welt sterben

Wenn die Temperatur des Meerwassers längere Zeit 30 Grad Celsius übersteigt, wie es in den Jahren 2015 bis 2017 in vielen Regionen der Welt der Fall war, dann hört die ausgefallene physiologische Kooperation zwischen Koralle und Mikroalge auf reibungslos zu funktionieren. Der Takt, mit dem die Stoffwechselprozesse der kleinen Partner aufeinander abgestimmt sind, gerät aus dem Rhythmus. Die Panzergeißler produzieren mehr Sauerstoff, als gebraucht wird. Es kommt zur Bildung von Sauerstoffradikalen, was die Wirte so sehr stresst, dass sie den Druck sozusagen nicht mehr aushalten können. Sie stoßen Millionen ihrer kleinen Partner ab, bleichen aus und besiegeln damit ihren eigenen Untergang. Bereits in den 1980er-Jahren mehrten sich in fast allen wichtigen Korallenregionen der Erde sowohl im Westatlantik wie auch im Indopazifik die Hinweise auf die drohende Katastrophe. Doch in den letzten Jahren erreicht das Korallensterben in Folge des Wetterphänomens El Niño wahrlich apokalyptische Ausmaße. 1998 war das Jahr, in dem das Drama unübersehbar wurde. 2017 aber war die Bleiche ausgedehnter und länger andauernd als jemals zuvor. Obwohl El Niño zu Ende ging, ging das Korallensterben weiter. Das *Great Barrier Reef* bot mit 35 Prozent abgestorbener Korallen einen besonders traurigen Anblick. Und im Frühjahr 2017 veröffentlichte Aufnahmen lassen vermuten, dass zwei Drittel des gesamten Riffs auf einer Länge von insgesamt 1.500 Kilometern ausgebleicht sind. Und damit tot.

Bei fortschreitender Klimaerwärmung werden solche Bleichen in den kommenden Jahrzehnten noch schlimmer und noch häufiger werden – und das ist noch nicht alles!

Ein Unglück kommt selten allein

Seriöse Prognosen sagen, dass der pH-Wert des Meerwassers in den nächsten Jahrzehnten von derzeit 8,2 auf 7,9 absinken wird. Das Meer wird saurer. Das ist eine gravierende Veränderung, die es schalenbildenden Organismen schwer machen wird, ihr Außenskelett auszubilden. Zu diesen Tieren gehören auch die Ruderfußkrebschen im tierischen Plankton, die das Nahrungsfundament ganzer mariner Ökosysteme bilden. Ein Mangel an Ruderfußkrebschen bedeutet automatisch einen Rückgang an kleinen Fischen. Und dieser wiederum wirkt sich direkt auf alle aus, auf Seevögel, Robben, Eisbären und Pinguine. Der norwegische Biologieprofessor Dag O. Hessen prognostiziert: »Im Jahr 2052 werden nur noch kleine Reste dieses einzigartigen Nahrungsnetzes übrig sein ... Unser selbstsüchtiges, kurzsichtiges Streben nach maximalem persönlichen Besitz hat in der Gegenwart gesiegt über die rationale und moralische Vernunft, durch die diese Krise hätte vermieden werden können.«

HEIMTÜCKISCHE CAMOUFLAGE ODER AUFFALLEN DURCH BLAULICHT?

Blauringoktopus, Steinfisch und andere tödliche Gesellen

Doch nicht nur in den Tropen,
sondern auch in europäischen Breitengraden
birgt das Baden im Meer Risiken.
Ungewollte Begegnungen mit giftigen Pflanzen, Fischen,
Seeigeln oder Quallen können äußerst schmerzhaft sein.

Werbung der Versicherung R+V

Gerade war die Rede von der Hightech-Waffe, mit der Nesseltierchen für ihren Lebensunterhalt sorgen oder sich verteidigen. Eine Technik, die ein wenig an Hollywood erinnert und an die bizarren Waffen, mit denen in der Fantasiewelt der Traumfabrik Sternenkrieger aufeinander losgehen. Das Meer aber ist zwar fantastisch, aber keine Fantasiewelt. Es hat nicht nur unendlich viele Arten, sondern ebenso viele Lebensformen und Überlebensstrategien hervorgebracht. Und auch, was gefährliche Waffen und Gifte angeht, war der Einfallsreichtum der Evolution groß.

Manchmal gut getarnt, manchmal auffällig und »mit Blaulicht« ausgestattet leben die Besitzer dieser Killerinstrumente im Riff und können auch unvorsichtigen Menschen sehr, sehr gefährlich werden …

Sie sieht mit ihren insgesamt 24 Augen, von denen einige über hochentwickelte Linsen verfügen, erstaunlich scharf. Sie geht aktiv auf Jagd und ihre insgesamt 60 bis zu drei Meter langen Tentakel tragen Waffen, die zu den kompliziertesten und tödlichsten der Welt zählen. In flachem Wasser »lauert« sie bei warmem, windstillem Wetter auf Schwimmer. Es sei, als würde man mit glühendem Eisen durchbohrt, so schildern die Opfer die heftigen Schmerzen, die sofort nach dem Kontakt mit ihr eintreten. Jeder Versuch, die an der Haut klebenden Tentakel zu entfernen, führt nur zu weiteren Verletzungen und Qualen. Man kann sie nicht abspülen. Und es bleibt nicht beim Schmerz. Sofort setzt eine nekrotische Wirkung auf die Haut ein und das Gewebe beginnt, sich zu zersetzen. Myotoxische Phänomene wirken auf die Muskeln, eine kardiotoxische auf den Herzmuskel, eine hämolytische auf die roten Blutkörperchen, und dann wird auch noch der Blutfluss des Opfers enorm beschleunigt. Fünf bis 20 Minuten später kann man tot sein. Mehr als 60 Fälle solcher Angriffe hat die Wissenschaft in den letzten 100 Jahren dokumentiert, doch dürfte die Dunkelziffer viel höher liegen. Die Rede ist hier von *Chironex fleckeri*, einer Würfelqualle und damit einer Vertreterin der frei schwimmenden, medusenförmigen Nesseltiere, die auch »Seewespe« genannt wird. Benannt ist sie nach dem australischen Forscher Hugo Flecker (1884 – 1957), der nach mehreren Todesfällen die Seewespen erforscht hat. Der Gattungsname *Chironex* leitet sich vom griechischen *cheiro* für Hand und dem lateinischen *nex* für Mörder ab. Die mordende Hand, ein wahrlich passender Name für diese Spezies.

Der deutsche Name deutet zwar Giftigkeit an, vermag aber keinen wirklichen Eindruck von der Gefährlichkeit der durchsichtigen, gelatinösen und elegant schwimmenden Kreaturen zu vermitteln, die in australischen Gewässern regelmäßig zu Todesfällen führen. Verschiedene in ihrem Nesselgift enthaltene Proteine, von denen CfTX-1 und CfTX-2 zu den am besten untersuchten gehören, machen die Seewespen so gefährlich. Toxikologen geben Giftigkeit mit dem sogenannten LD_{50}-Wert an, die die Menge an Gift bezeichnet, die z.B. bei Labormäusen bei der Hälfte einer Versuchsgruppe zum Tod führt. Bei *Chironex fleckeri* liegt der LD_{50}-Wert bei 0,04 Milligramm pro Kilogramm Körpergewicht. Sie ist das gefährlichste Nesseltier der Welt. Falls Sie einmal sehen möchten, wie ein Seewespenangriff aussieht, dann sollten Sie sich die »Seven Pounds jellyfish scene« auf YouTube anschauen. Hauptdarsteller Will Smith legt sich in dieser Szene aus dem Hollywoodstreifen »Sieben Leben« (Originaltitel Seven Pounds) aus dem Jahr 2008 in eine Badewanne mit Eiswasser und leert anschließend den Inhalt eines Eimers mit einer Würfelqualle ins Wasser. Den anschließenden Horror spielt er ziemlich überzeugend.

Es ist also beileibe nicht der Weiße Hai, von dem die größte Bedrohung für Schwimmer, Schnorchler und Taucher im Meer ausgeht. Meistens sind es unscheinbare, manchmal fast unsichtbare oder gut getarnte, dann wieder hübsche Kreaturen, vor denen man Respekt haben muss. Ihre Waffen sind mächtiger als die kräftigen Kiefer der Haie mit ihren riesigen, dreieckigen Zähnen. In ihnen stecken die Ergebnisse von Millionen Jahren biochemischer Experimente im endlosen Labor der Ozeane, und es ist verblüffend, was ein Wesen, das zu 96 Prozent aus Wasser besteht, anrichten kann. Bis zu 250 Menschen könnte eine einzige Seewespe töten. Das macht deutlich: Wenn auch kein Anlass zur Hysterie besteht, so sollte man auch nicht blauäugig sein. Wer an den Stränden in Australien, Neuguinea oder auch Thailand ins Wasser geht, der sollte sich erkundigen, ob die Strände als seewespenfrei gelten.

Das gefährlichste Gift der Meere steckt in schönen »Blumenwiesen«

Krustenanemonen gehören wie die Korallen und die Quallen zu den Nesseltieren. Sie sehen wie Anemonen aus, nur sind sie nicht wie diese einzeln lebend (solitär), sondern bilden Kolonien. Manche Arten sind wunderschön gefärbt und leuchten in knalligen Farben von Gelb über Grün bis Pink. Taucher kennen besonders eine gelbe Form, die im Mittelmeer Steilwände und Höhlen bedeckt.

Nun können Krustenanemonen die Tentakel ihrer Polypen einziehen. Die Kolonien sehen dann wie ein brauner oder grüner Schwamm aus, der krustig einen Felsen bedeckt. Berührt man ihn, kann das sehr, sehr gefährlich werden, denn es könnte sich um eine Kolonie der giftigsten Tiere der Welt aus der Gattung *Palythoa* handeln. Der bereits erläuterte LD_{50}-Wert ihres Giftes, das nach der Gattung Palytoxin (PTX) getauft wurde, beträgt 0,00015 Milligramm pro Kilogramm Körpergewicht! Erinnern sie sich? Bei der Seewespe waren es 0,04 Milligramm. Selbst das Gift der tödlichen Würfelqualle besitzt somit nur einen Bruchteil der Giftigkeit des Palytoxins. Es ist eines der giftigsten Nicht-Protein-Toxine überhaupt.

Aber woher kommt das Toxin und wozu dient es? Aus der Krustenanemone selbst? Warum produziert sie das Gift? Bestimmte Fische hindert die Giftigkeit der Nesseltiere ja nicht daran, sie anzuknabbern. Der Feilenfisch *Alutera* etwa ernährt sich von Krustenanemonen. Das Palytoxin scheint ihn ebenso wenig zu stören wie manche Drückerfische, die in indopazifischen Riffen in großer Artenzahl zu finden sind und die das Palytoxin sogar aufnehmen können. Immer wieder zeigten Menschen nach dem Konsum von Drückerfischen Vergiftungserscheinungen, und lange Zeit wusste man nicht warum. In Japan vergifteten sich zwei Menschen nach dem Verzehr des Papageifisches *Ypsicarus*. Einer der Patienten starb nach vier Tagen, der andere erholte sich nach einer Woche. Und eine japanische Studie aus dem Jahr 1989 berichtet über einen 35-jährigen Mann, der nach dem Konsum einer geräucherten Makrele, die von den Philippinen stammte, schwer erkrankt ist. Im Fisch wurde Palytoxin nachgewiesen.

Sardinen, Heringen, Anchovis, Makrelen, Zackenbarschen, Papageifischen und zahlreichen wirbellosen Tieren wie Krabben und Borstenwürmern, die ebenfalls *Palythoa* und die verwandte *Zoanthus* anknabbern, scheint das Toxin nichts auszumachen. Und immer noch ist unklar, ob das hitzestabile Gift, das also beim Kochen nicht zerstört wird, überhaupt von den Krustenanemonen selbst stammt, oder etwa von Bakterien synthetisiert wird. Es gibt hier zahlreiche offene Fragen, an denen intensiv geforscht wird.

Sollten Sie allerdings Meeresaquarianer sein, dann könnte diese Information für Sie interessant sein. Aus den USA und aus Deutschland sind Fälle bekannt, in denen sich Aquarienbesitzer allein durch Berührung der Krustenanemonen in ihrem Becken vergiftet haben. In anderen Fällen wollten sie die Krustenanemonen aus dem Becken entfernen und haben sich allein durch Inhalation der entweichenden Stoffe eine Vergiftung zugezogen. Ohne eine Hysterie auslösen zu wollen – ich hatte beim Tauchen im Indopazifik oft relativ engen Kontakt zu den genannten Arten, ohne sichtbare Folgen davon zu tragen –, meine ich: Schauen Sie sich die Bewohner Ihres Aquariums gut an!

Krustenanemonen sind gefährliche Schönheiten mit einem hoch potenten Gift, und doch gibt es wohl einen noch giftigeren Nicht-Eiweiß-Stoff aus dem Meer.

Maitotoxin – schlechte Nachrichten von Tahiti

Die Tahitianer nennen ihn *Maito*, die Zoologen *Ctenochaetus striatus*, auf Deutsch heißt er umständlich korrekt Längsstreifen-Borstenzahndoktor. Der eher unauffällig bräunlich gefärbte Vertreter der Familie der Doktorfische wurde seit 1976 berühmt. Schon lange wussten die Einheimischen auf Tahiti, dass der Verzehr dieses Fisches manchmal zu Vergiftungen führte. Im genannten Jahr entdeckten Forscher in einigen Exemplaren tatsächlich eine toxische Substanz, die sie Maitotoxin tauften. Es ist ein Gift, das trotz seiner komplizierten molekularen Struktur beim Garen nicht zerstört wird. Sein LD_{50}-Wert hat es in sich: 50 Nanogramm pro Kilogramm Körpergewicht (das entspricht 0,00005 Milligramm).

Die durch dieses Toxin ausgelöste Erkrankung heißt Ciguatera. Der exotisch anmutende Name stammt von einer Meeresschnecke auf Kuba, die dort *cigua* genannt wird und bei den Kubanern in Verdacht stand, derartige Vergiftungen hervorzurufen. Doch es ist viel komplizierter!

Weder der genannte Doktorfisch von Tahiti noch die Schnecke *cigua* von Kuba sind die Täter. Dieser ist vielmehr winzig klein und weit verbreitet. Er trägt den Namen *Gambierdiscus toxicus* und ist Mitglied einer der bedeutendsten Organismengruppen im Meer, der Panzergeißler oder Dinoflagellaten, die uns schon als Partner der Korallen begegnet sind. *Gambierdiscus* treibt, anders als die meisten anderen Panzergeißler, nicht im Meer herum, sondern lebt auf Algen am Meeresgrund. Dabei wird er gelegentlich von pflanzenfressenden Fischen wie den Doktorfischen abgeweidet. Und so beginnt das Unglück: Das Maitotoxin reichert sich je nach gerade vorherrschender Dichte der winzigen Algen im Lebensraum zuerst in den pflanzenfressenden und nachfolgend über die Nahrungskette in räuberisch lebenden Fischen an. Die Folgen können dramatisch sein. Im Jahr 1989 vergifteten sich in einem Hotel in der Dominikanischen Republik an die 20 Personen, die nicht nur über heftige Magen-Darmbeschwerden, sondern auch über seltsame andere Symptome klagten: Beim Kontakt mit kühler Luft oder beim Schlucken von kalter Nahrung oder von Kaltgetränken fühlten sie einen starken Schmerz. Diese Kälteüberempfindlichkeit hielt bei manchen über Wochen und gelegentlich über Monate an. Einige litten zudem unter einem unerträglichen Juckreiz. Schlimmer noch erging es einem Mann in Französisch Polynesien, der nach einem üppigen Mahl, bereitet aus einem Schnapper *Lethrinus*, die auch »Straßenkehrer« genannt werden, schwer erkrankte. Ein unerträglicher Juckreiz erfasste den ganzen Körper des Unglücklichen, der sechs Tage nach der Fischmahlzeit verstarb.

Warnung per Blaulicht und das berüchtigte TTX

Die Welt der Gifte ist damit aber noch nicht vollständig. Eine Berühmtheit in der Giftwelt der Biologie ist das Tetrodotoxin (TTX). Hier kurz seine Biografie: Es gibt eine Fischverwandtschaft, die den Namen Kugelfische trägt. Sie sehen so aus, wie sie heißen, speziell dann, wenn sie sich in Gefahr wähnen. Dann pumpen sie sich nämlich mit Wasser auf. Oft haben diese Fische eine besonders angepasste Bezahnung. Die Zähne des Ober- und Unterkiefers sind zu Zahnplatten verschmolzen, beispielsweise zu zwei Platten oben und zwei unten. Damit haben sie nur noch vier große Zähne und daher kommt dann der wissenschaftliche Name: Tetraodontiden, »Vierzahnfische«, oder eben einfach Kugelfische.

In Japan werden sie gerne gegessen. Manche Konsumenten aber bezahlen ihre Mahlzeit mit dem Leben: Sie erleiden eine tödliche Lähmung der gesamten Muskulatur und erleben bei vollem Bewusstsein, wie es mit ihnen zu Ende geht. Ursache dafür ist, dass die Eingeweide der Fische voll mit Toxinen sind, von denen man 1950 das wichtigste isolieren und analysieren konnte. Man taufte es Tetrodotoxin, abgekürzt TTX. Nicht sachgemäß zubereitet ist der Kugelfisch darum eine tödliche Delikatesse. Wie viele Menschen daran tatsächlich sterben, ist schwer zu sagen, denn die Dunkelziffer außerhalb der Großstädte und auf den unzähligen Inseln und an den langen Küsten Japans dürfte erheblich sein. Nach einer offiziellen Statistik fielen in den 1980er-Jahren durchschnittlich 44 Personen jährlich dem TTX zum Opfer. Heute sind die Sicherheitsvorschriften in zertifizierten Restaurants so hoch, dass man dort getrost ein *fugu* essen kann. Im privaten Raum allerdings sollte man zurückhaltend sein.

Wie andere schon erwähnte Toxine auch kommt das farb- und geruchlose TTX nicht aus dem Kugelfisch selbst, sondern wird durch andere Organismen synthetisiert. In diesem Fall durch Bakterien. Doch ist die Biosynthese des Giftes noch lange nicht vollständig geklärt. Denn es findet sich weltweit in den verschiedensten Land- und Meerestieren: in den Kugelfischen, in manchen Schnecken, in Seesternen, in einigen Krabben, in den sogenannten Pfeilwürmern – räuberischen Tierchen des Planktons –, in manchen Schnur- und Plattwürmern, in einigen Froschlurchen und Molchen. In den meisten Fällen dient das Gift all diesen unterschiedlichen Tieren als Abwehrwaffe. Die Bakterien, die diese Waffe produzieren, sind zum Teil schon bekannt: Sie zählen zu den

Gattungen *Actinomyces, Aeromonas, Alteromonas, Bacillus, Pseudomonas* und *Vibrio*. Doch der Weg, auf dem ihre Gifte in die verschiedenen Organismen gelangen, bleibt in den meisten Fällen unklar: durch Verzehr, durch Kolonisierung der Tieroberflächen und ihrer Organe, durch eine andere Art der Anreicherung? Wir wissen es nicht.

Was wir aber wissen ist, dass manche Tiere TTX auch aktiv zur Jagd nutzen. So z.B. ein kleiner Oktopus mit Blaulicht aus der Gattung *Hapalochlaena*. Wie alle Kraken besitzt er zwischen seinen acht Tentakeln einen papageienartigen Schnabel, dessen Biss das Gift aus Speicheldrüsen in das Opfer übertragen kann. In einem medizinisch dokumentierten Fall kampierte eine Gruppe von Soldaten am Strand in der Nähe von Sydney in Australien. Ein 23-jähriger Mann fand den Oktopus und setzte ihn sich auf die Hand, um ihn seinen Kameraden zu zeigen. Wenig später, noch während das Tier auf seiner Hand saß, klagte er über Schwindelgefühl und es ging ihm so schlecht, dass er den Kraken nicht mehr selbst entfernen konnte. Kurz darauf war er bereits bewusstlos, und im nächsten Krankenhaus konnte man ihm nicht helfen. Der Soldat starb 90 Minuten nach der Einlieferung. Pathologische Befunde konnten bei der Obduktion nicht festgestellt werden. Der Mann starb schlicht durch das Gift, das der kleine Blauring-Oktopus in seinem Mund hatte. Andere Menschen überlebten den kaum spürbaren Biss des Kraken nur durch Anwendung intensivmedizinischer Maßnahmen. Allerdings: Aggressive »Überfälle« oder Attacken von Blauring-Kraken auf Schnorchler und Taucher sind nicht bekannt, Vergiftungen gehen praktisch immer auf Unwissenheit oder Fahrlässigkeit zurück. Unwissenheit rächt sich in solchen Fällen unbarmherzig. Dabei sind die giftigen Tierchen wie alle Oktopusse rührend fürsorgliche Eltern, die für ihre Kinder wortwörtlich ihr Leben geben. Nur ein einziges Mal im Leben legen sie Eier, aus denen die Jungen als fertige kleine Kraken schlüpfen. Die Mütter sterben daraufhin, die Väter sind schon kurz nach der Paarung aus dem Leben geschieden.

Kegelschnecken – lernen aus 50 Millionen Jahren Neuropharmakologie

Mag man einen Kraken eher nicht in die Hand nehmen, bei einer Schnecke ist das schon etwas anderes. Die wunderschön gezeichneten Schalen der Conusschnecken waren immer schon begehrte Sammlerstücke. Im Pergamon-Museum in Berlin kann man eine 5.000 Jahre alte Halskette aus Uruk im Euphrat-Tigris-Tal bestaunen, die aus Schalen dieser Schnecken gemacht ist. Manche Arten sind heute so selten, dass Sammler viel Geld für sie zahlen. Und so lesen Menschen sie manchmal am Strand oder im Riff auf. Ein fataler Fehler, wie das Beispiel eines 29-jährigen Mannes zeigt, der beim nächtlichen Speerfischen bei der Insel Guam eine prächtige *Conus geographus* gefunden hatte. Er steckte sie in den Hemdsärmel des linken Armes. Ihren Stich bemerkte er gar nicht, doch nach einer Stunde befiel ihn Schwäche und Gefühllosigkeit am ganzen Körper. Er starb etwa drei Stunden nach dem Stich der Schnecke. Der Tod trat durch die Lähmung der Atemmuskulatur bzw. des Zwerchfells ein.

Was war geschehen? *Conus geographus* gehört zu der Familie der Kegel- bzw. Conusschnecken, die sich durch eine Besonderheit auszeichnen: Statt einer »normalen« Raspelzunge (Radula), die viele Schnecken besitzen, haben sie bis zu 100 kleine »Pfeile« oder »Harpunen«

entwickelt, die in einer eigenen Tasche in der Schlundgegend lagern. Unter dem Mikroskop wird die frappierende Ähnlichkeit dieser Pfeile mit den Harpunen der Walfänger sichtbar. Und tatsächlich jagen manche Arten dieser Gattung Fische, die sie aber nicht mit Kraft und Technik, sondern mit Gift überwinden. Die mit derzeit mehr als 600 Arten extrem artenreiche Gattung *Conus* hat wahrscheinlich mehrere 10.000 hochspezialisierte aktive Substanzen entwickelt, die sie in ihrem Arsenal führt und aus der jede Art einen eigenen Giftcocktail bildet. Conotoxine, wie die Proteingifte nach der Gattung *Conus* heißen, sind für Forscher hochinspirativ – aber auch entsprechend schwer zu erforschen. Was aber deutlich ist: Hat eine Schnecke ihr Gift mithilfe ihrer Harpunen in ihr Opfer injiziert, dann ist dieses ganz schnell verloren.

Und nicht nur Schnecken können sehr unangenehm sein.

Steinfische: heimtückische Camouflage

Am Roten Meer wollte ich einmal durch einen schmalen, nur 50 Zentimeter tiefen Kanal in ein Riff gelangen. Speziell bei Ebbe ist es manchmal unmöglich, über die Riffkante zu kommen, die eine unüberwindbare Barriere darstellt, wenn man sich selbst nicht verletzen und die Korallen nicht kaputt machen möchte. Solche Zugänge sind daher höchst willkommen. Weil es unerträglich heiß war und selbst die Wassertemperatur bei 30 Grad Celsius lag, lief ich barfuß und schnappte nur meine Schwimmflossen, die man ohne Neoprenschuhe anzieht. Irgendeine Intuition ließ mich dann aber nach einigen Metern doch die Maske anlegen, um mehr kriechend als schnorchelnd ins Riff zu gelangen. Und so sah ich ihn dann in der Mitte des sandigen »Pfades«. Weit schwimmen kann er nicht, denn er ist ein Bodenfisch, und sein ganzes Wesen ist auf eine ganz andere Strategie ausgerichtet: Absolut unsichtbar sein, nichts tun und nur am Grund lauern. Schwimmt ein Fisch vorbei, reißt er sein großes Maul auf und erzeugt einen derartigen Sog, dass das arme Opfer augenblicklich in seinem Schlund landet. Wenn sich aber ein Schatten nähert und vielleicht Gefahr droht, wird die Rückenflosse aufgerichtet. Sie trägt kopfwärts zwölf bis 14 harte Stachelstrahlen, die an der Basis mit Giftdrüsen ausgestattet sind. Je fester man auf diese Stacheln tritt, desto gründlicher wird die Giftdrüse ausgequetscht, desto tiefer werden die Stacheln ins Gewebe hineingestoßen und desto mehr Gift wird eingespritzt. Sein hochmolekulares Proteingift ist einer der effektivsten, heimtückischsten und vor allem wirksamsten Giftcocktails, den die Evolution hervorgebracht hat. Stiche des Steinfisches, *Synanceia verrucosa*, führen zu Vergiftungen, die oft in Infektionen übergehen und Amputationen zur Folge haben. Aber auch Todesfälle sind beschrieben. Unerträglich sind die Schmerzen, die unmittelbar auf einen Stich folgen: Sie steigern sich über Minuten, manchmal über mehrere Stunden und können ein bis zwei Stunden anhalten. Daneben treten ein allgemeines Schwächegefühl, Übelkeit, Erbrechen, Durchfall, Kopfschmerzen, Herzklopfen sowie Pulsarrhythmien auf, und es kann zu psychotischen Reaktionen kommen. Mediziner glauben, dass diese durch die starken Schmerzen ausgelöst werden. Gleichzeitig entwickelt sich ein Ödem, das auf die ganze betroffene Extremität übergeht.

Ich habe mir für alle Zukunft vorgenommen, verdammt aufmerksam zu sein, um mich dann – abgelenkt durch meine schwere Kamera – wieder dabei zu erwischen, dass ich nachlässig werde und denke, dass mir schon nichts passieren würde ... Doch möchte ich Sie bitten, diesen unsichtbaren Fisch nie zu unterschätzen, wenn Sie vielleicht das nächste Mal beispielsweise ans Rote Meer fliegen.

Hübsche Kegelschnecken, die den Tod bringen können, winzige Kraken mit giftigem Speichel, perfekt getarnte Fische mit heimtückischen Giftstacheln und noch heimtückischeren Proteingemischen – all diese Tiere erscheinen geradezu niedlich, wenn man auf die Monster blickt, die in der Erdgeschichte den Ozean bevölkert haben. Ihnen wenden wir uns im nächsten Kapitel zu.

MEGALODON UND ANDERE UNGEHEUER DER TIEFE

Neptuns furchteinflößendste Kreaturen

Die Meere der Welt werden von einer Kreatur beherrscht, die Jahrmillionen der Evolution ohne Veränderung überlebt hat, eine gefühllose Bestie ohne Verstand.
Sie lebt, um zu töten.
Der weiße Hai!
Sehen Sie sich diesen Film an,
bevor Sie schwimmen gehen.

aus dem Film *»Der weiße Hai«*

»Wenn der Hai wie ein Meeresungeheuer die Wasseroberfläche durchbrochen und mit weit aufgerissenem Rachen auf die Schwimmerin zugekommen wäre, wäre das zwar eine spektakuläre Eröffnung gewesen, doch sie hätte keineswegs unsere Urängste angesprochen. Es wäre halt nur ein weiteres Monsterbild gewesen, eines, wie wir es schon oft gesehen haben … Ich wollte aber, dass die strudelnden Bewegungen unter Wasser die Fantasie in Gang setzen«, versuchte einmal Steven Spielberg den Erfolg seines Schockers »Der weiße Hai« zu erklären.

Die mehr oder (eher) weniger lebensecht wirkende Haiattrappe *Bruce* kam selten ins Bild, was dem Film zweifellos guttat. Die meisten Zuschauer waren sich einig: Nicht das siebeneinhalb Meter lange Maschinen-Monster, das auf Knopfdruck seinen gewaltigen Kiefer aufreißen konnte, jagte ihnen Angst ein, sondern die erste Szene im Mondlicht, in der sich die Beine der jungen Schwimmerin wie ein Köder unablässig über der unheilvollen Dunkelheit der Tiefe bewegten. Und dann noch dieses legendär gewordene dum dum ... dum dum ... dumdum dumdum ... dazu. Die schrecklichen Todesschreie der jungen Frau, das Blut, das das Meerwasser rot färbt – all das verfehlt seine Wirkung nicht. Obwohl wir nicht einmal die Andeutung eines Hais sehen, erfasst uns der Schrecken vor dem Ungeheuren, das in der Tiefe lauert.

Neu ist die Angst vor großen, alles verschlingenden Meereskreaturen keinesfalls. Sie ist keine Erfindung aus Hollywood. Bereits die Autoren des Alten Testaments setzten sie als dramatisches Moment ein, wie beispielsweise im Buch Jona: »Aber der HERR erschuf einen großen Fisch, Jona zu verschlingen. Und Jona war im Leibe des Fisches drei Tage und drei Nächte. Und Jona betete zu ... seinem Gott im Leibe des Fisches.« Ja, diese Angst muss sehr tief in uns stecken. Es ist eine Urangst im wahrsten Sinne des Wortes, nämlich die Angst, lebendig gefressen zu werden, zwischen die Kiefer eines Raubtiers zu geraten. Wenn ein Monster die Menschen schrecken soll, dann braucht es anständige Beiß- und Kauwerkzeuge. Beim Weißen Hai war das so, beim *Alien,* und schon die alten Drachen aus den Märchen hatten ebenso wenig einen Kussmund wie die Gruselgestalten der antiken Mythologie, die die Männer des Odysseus aufgefressen haben.

Und wenn die menschenfressenden Räuber dann noch aus der unbekannten Tiefe des Meeres kommen, dann ist der namenlose Schrecken perfekt. Kein Wunder also, dass die Berichte über die Monster der Tiefe so zahlreich sind.

Seeungeheuer mit realem Hintergrund

Im vorwissenschaftlichen Zeitalter dürften diese Berichte dabei aus zwei Quellen geschöpft haben. Zum einen gab es immer wieder Begegnungen mit unbekannten

Meerestieren auf hoher See in zum Teil unbekannten Gewässern. Wale, Haie, Teufelsrochen, Riemenfische, Riesenkalmare und andere konnten durchaus in der Nähe von Seglern auftauchen und der Weiße Hai, zahlreiche Waltiere oder der Manta springen gelegentlich auch einmal aus dem Wasser. Das muss ein furchteinflößender Anblick für einen Seemann gewesen sein, dessen Nerven durch Monate der Entbehrung, Isolation, durch Heimweh, fürchterliche Stürme und unmenschliche Bedingungen an Bord ohnehin schon strapaziert gewesen sein müssen. Wenn im Hafen dann bei einem Gläschen Rum von einer solchen Begegnung erzählt wurde, dann konnte ein harmloser Manta schnell immer größer, immer drachenähnlicher und immer böswilliger werden.

Und natürlich: Da und dort wird es vorgekommen sein, dass ein springender Wal oder Manta auf einem Boot gelandet ist und dieses beschädigt hat, oder dass fahrende Schiffe schlafende Wale gerammt haben, wie es Segler heute noch berichten. Dann kann das Wasser schon mal ordentlich spritzen, und kleinere Boote könnten sogar kentern oder sinken. Was eine tragische Zufallsbegegnung war, wurde dann schnell zu einem Angriff aus der Tiefe. Und je häufiger das Erlebte erzählt wurde, umso mehr wuchs das Seeungeheuer an Länge, Kraft und Böswilligkeit.

Natürlich gab es aber nicht nur kurze Begegnungen, die dann fantasievoll ausgeschmückt wurden. Manchmal werden Seeleute tatsächlich auch »Seeschlangen« gefunden haben. Noch heute geistern meist nicht sehr scharfe Fotos solcher Funde herum, die in unseren Tagen nicht von alten Fahrensleuten, sondern von Kryptozoologen, Kreationisten und anderen Fantasten kundig erschlossen werden. Das sieht dann z.B. so aus: »Vor einigen Jahren soll von einem japanischen Fischerboot ein gut erhaltener Kadaver eines Plesiosaurus gefunden worden sein, obwohl diese Tiere doch seit Jahrmillionen ausgestorben sind. Dieser sensationelle Fund wurde aber wieder über Bord geworfen, weil dem Kapitän die gefangenen Fische wichtiger waren.«

Der faktische Hintergrund dieser Meldung: Am 25. April 1977 zog das japanische Fangboot Zuiyo-maru einen halb verwesten, etwa zehn Meter langen Kadaver aus dem Meer. »Seit Godzilla hatte kein Monster Japan so im Griff«, lästerten die Medien. Eine Expertenrunde kam 1978 schließlich zum Schluss, dass es sich um die sterblichen Überreste eines Riesenhais *Cetorhinus maximus* gehandelt habe, der zwölf Meter lang werden kann. Doch sachliche Argumentation kann die Sensationslust des Publikums natürlich nicht befriedigen. Auf einer eher schon gemäßigten Internetseite wird der Befund der Zoologen darum so in Zweifel gezogen: »Wie deutet man das ausgeprägte Rückgrat, das eigentliche Merkmal eines Säugetiers oder auch Dinosauriers, mit den auf den verschiedenen Fotos deutlich zu erkennenden Wirbeln? Der Hai ist ein Knorpelfisch und besitzt im Normalfall kein Rückgrat.«

Nun ja – ich kann den Freunden der Kryptozoologie nur raten, sich etwas mehr mit wirklicher Zoologie zu beschäftigen. Selbstverständlich hat jeder Hai und auch jeder Knorpelfisch ein Rückgrat, sprich eine Wirbelsäule, handelt es sich doch um Wirbeltiere, die so heißen, eben weil sie Wirbel haben. Knorpelfische werden sie genannt, weil die Wirbel wie auch das gesamte Skelett der Haie nicht aus Knochen, sondern aus festem, verkalktem Knorpel bestehen.

Eine kühle Analyse fördert gleich eine Reihe von Meereskreaturen zutage, die durchaus das Zeug zum mythischen Meeresungeheuer haben: Der Blauwal (*Balaenoptera musculus*) wird bis zu 33 Meter lang und 200 Tonnen schwer. Er ist das schwerste bekannte Tier der Erdgeschichte. Unter den etwa 90 bekannten Arten von Waltieren (Cetacea) gibt es etliche weitere Riesen. Und nicht selten zeigen diese hochsozialen, intelligenten Tiere Verhaltensweisen, die einem Seemann früherer Zeiten schon ordentlich Angst einjagen konnten: Sie springen gerne, legen ein auffälliges Paarungsverhalten an den Tag, können gemeinsam und strategisch jagen, wie etwa die Buckelwale, die durch das Ausstoßen von Atemluft das Meer in eine Art Whirlpool verwandeln und so Fischschwärme zusammentreiben. Gerne schwimmen ganze Walschulen auch in Formationen. Wenn die Tiere dann von weitem gesehen werden, können sie wie ein einziges, vielflossiges Monster erscheinen.

Nicht minder beeindruckend ist der sanfte Walhai (*Rhincodon typus*) mit bis zu 14 Metern Länge, ebenso wie sein nur wenig kleinerer Kollege, der Riesenhai, auch er ein Planktonfresser. Und natürlich auch der größte Raubhai der Gegenwart, der Weiße Hai (*Carcharodon carcharias*), der sieben Meter erreichen kann und sich bei der Jagd nach Robben in imposanten Sprüngen aus dem Wasser schleudert.

Beeindruckend ist auch der Riesenmanta oder Ozeanische Manta (*Manta birostris*), der im Deutschen den wenig schmeichelhaften Namen Teufelsrochen trägt. Die Kopfflossen an den beiden Seiten des Mauls bzw. Kopfes, die eine sehr wichtige Rolle bei der Plankton filtrierenden Lebensweise erfüllen, brachten den Tieren diesen Namen ein. Nach FishBase, dem größten und zuverlässigsten ichthyologischen Portal im Internet, wurden bereits Männchen mit neun Metern Spannweite und drei Tonnen Gewicht gesichtet. Und auch Teufelsrochen, ebenso wie ihre kleineren Verwandten, die Mobulas, springen gern. Im Jahr 1919 brachte die renommierte Zeitschrift National Geographic einen Artikel, in dem ein gewisser John Oliver La Gorce beschreibt, wie ein Teufelsrochen die Ankerkette seines Schiffes mit seinen Kopflappen gepackt und das Schiff auf das Meer hinausgezogen haben soll. Jahrzehntelang haben Meeresbiologen über den Fall spekuliert. Inzwischen ist über Mantas aber so viel bekannt, dass La Gorces Bericht als unglaubwürdig gilt. Tatsächlich lieben Taucher Mantas und nähern sich ihnen auf Körperfühlung. Die sanften, vogelartigen Riesen tun dem Menschen nichts, wie ich selbst in Jahrzehnten unzählige Male miterleben durfte.

Wabbelige Monster und wahre Seeschlangen

Eine Kreatur aber, die zweifellos unheimlich ist, ist der Riesenkalmar (*Architeuthis dux*), ein medusenähnliches Weichtier mit acht kürzeren Armen und zwei weiteren, die mehr als doppelt so lang sind und beim Beuteerwerb als Fangarme ausgeschleudert werden können. Jules Verne hat dieses Tier in seinen Bestsellern fälschlicherweise als Riesenkraken beschrieben, doch bleiben die achtarmigen Kraken um einiges kleiner als die Kalmare, ihre zehnarmigen Verwandten. Vor allem die Japaner machten Jagd auf diese geheimnisvolle, weltweit verbreitete Kreatur der Tiefe und dem japanischen Meeresbiologen Tsunemi Kubodera und seinem Filmteam gelangen sogar wunderbare, poetische Aufnahmen des Tieres in Tiefen zwischen 600 und 900 Metern. Der Riesenkalmar, den man bis dahin nur als unansehnlichen, an Stränden gefundenen Kadaver oder als Geweberest aus den Mägen von Pottwalen kannte, zeigte sich als prachtvoll geisterhafte Erscheinung, die dank ihrer Fähigkeit zur Biolumineszenz sogar Lichteffekte erzeugte. Forscher, denen ein Jahr später südlich von Japan ähnliche Aufnahmen gelangen, gaben zu, dass sie sich trotz der Sicherheit des U-Bootes vor diesem Tier fürchteten.

Dabei ist der Riesenkalmar noch nicht einmal der größte seiner Art. Der Koloss-Kalmar (*Mesonychoteuthis hamiltoni*) aus den Gewässern der Antarktis ist noch einmal um einiges größer als *Architeuthis*. Mit einem Augendurchmesser von 27 Zentimetern, das sind die größten Augen, die jemals beschrieben wurden, einer Mantellänge von möglicherweise bis zu fünf Metern, einer Masse von bis zu 500 Kilogramm und einer Gesamtlänge inklusive Tentakeln von zwölf bis zu 14 Metern ist er der wahre Koloss unter den Kalmaren. Ein Exemplar dieses Ausmaßes können Sie im neuseeländischen Nationalmuseum bestaunen. Bisher haben Forscher aber nur wenige Exemplare untersucht, denn die Art wurde erst 1925 entdeckt.

Ein reales Vorbild für vermeintliche Meeresmonster waren bestimmt auch Riemenfische der Gattung *Regalecus*, die mit bis zu acht Metern den Längenrekord für lebende Knochenfische halten. Dieses »Monster« hat keine Zähne und frisst vermutlich Plankton. Nicht wenige Legenden von Seeschlangen dürften auf ihr Konto gehen. Erst 2008 gelangen einem Team von Mark Benfield im Golf von Mexiko Aufnahmen lebender Riemenfische, wobei ein ferngesteuertes Tauchboot zum Einsatz kam.

All die genannten Kreaturen greifen kaum jemals Schiffe an, spucken kein Wasser und sind Seeleuten gegenüber allesamt auch kaum feindlich gesinnt. Es ist eben so, dass wir das eine oder andere Meeresmonster schlicht der Spitzfindigkeit einiger Scharlatane verdanken. Einer davon war der Deutsche Albert Koch, der 1845 in New York City das 35 Meter lange Skelett einer vermeintlichen Seeschlange ausstellte. Sogar ein wissenschaftlicher Name fand sich für die Kreatur: *Hydrarchos*. Koch behauptete, das Skelett in Alabama gefunden zu haben. Doch wurde er bald als Betrüger entlarvt: Die »Seeschlange« war aus mindestens fünf verschiedenen Skeletten des fossilen Raubwals *Basilosaurus* zusammengesetzt.

Reale Meeresmonster prahlen mit ihren Kiefern

Und damit sind wir in einer Zeit angekommen, in der das Meer tatsächlich von Wesen bevölkert war, die den Schreckensbildern der Seeleute späterer Jahrhunderte sehr nahe kommen. Ihre Knochen, Skelettteile, Zähne und sonstigen Fossilien zeugen davon, dass die alttestamentlichen Ungetüme *Behemoth* und *Leviathan* reale Vorbilder hatten.

Die Monster der Tiefe aus der Urgeschichte kann man in einer 2003 von der BBC produzierten spannenden Dokumentation kennenlernen. Zoologe Nigel Marven unternimmt hier eine fiktive Zeitreise in die Ozeane der Urzeit und zeigt, wie viele große und gefährliche Raubtierarten dort in jenen Tagen gelebt haben. Da ist z.B. *Cameroceras* aus dem Ordovizium vor 450 Millionen Jahren: Das Gehäuse dieses Kopffüßers (*Cephalopoda*) war bis zu neun Meter lang! Vermutlich konnte sich das Monsterweichtier nur langsam fortbewegen und hat sich von Aas und sonstigen Resten, die es am Grund des Meeres aufsammelte, ernährt. Vielleicht hat es auch den einen oder anderen Trilobiten oder Seeskorpion erbeutet.

Um aber zum wahren Killer zu werden, fehlte *Cameroceras* etwas Entscheidendes: Kiefer nämlich. Diese entwickelten sich erst, als die Wirbeltiere in der Erdgeschichte auftraten. Zwar war auch bei ihnen anfangs nur ein rundes, unbewegliches Maul verbreitet, mit dem sie im besten Fall etwas abraspeln, aber nichts packen oder sogar zerbeißen konnten. Aber das änderte sich, als die wichtigste Innovation in der Evolution der Wirbeltiere Wirklichkeit wurde: gelenkig miteinander verbundene Knorpel- oder Knochenspangen, die sich zu Kiefern entfalten und bald auch mit scharfen Zähnen ausgestattet sind. Mit Kiefern und Zähnen kann Nahrung – oft ist es lebende Beute – ergriffen, festgehalten und zerkleinert werden. Kiefermünder oder Kiefermäuler (Gnathostomata) nennt man alle Wirbeltiere, die von da an die Erde bevölkern sollten. Ihnen taten sich völlig neue Möglichkeiten auf, und eine davon war es, zu Monstern zu werden. So erschienen vor 418 Millionen Jahren die Plattenhäuter oder Panzerfische (Placodermi), die ersten Ungeheuer mit alles zermalmenden Kiefern. Der größte war der *Dunkleosteus*, der bis zu zehn Meter lang wurde, ein Spitzenprädator, also Räuber, seiner Zeit und das größte bis dahin bekannte Tier. Sein Skelett war wie bei den Haien knorpelig und ist daher selten fossil erhalten. Zwar hatten die Placodermi keine Zähne, doch das erwies sich bei ihnen als kein Nachteil: Die stets nachwachsenden Knochenplatten in Ober- und Unterkiefer schärften sich selbst – ähnlich wie die Zähne eines Bibers. Experimentelle Nachbauten des Schädels ergaben im hinteren Bereich der Kiefer eine Beißkraft von 5.300 Newton – er konnte damit locker andere gepanzerte Fische verzehren, die er in großen Stücken verschluckte, wie fossile Funde nahelegen.

Vor 382 bis 358 Millionen Jahren, im Oberdevon, starben nach »lediglich« 60 Millionen Jahren Existenz im Zuge eines globalen Artensterbens auch die Panzerfische aus. Mit ihnen endete das »Zeitalter der Fische«, wie man das Devon nennt, und neue Geschöpfe traten auf den Plan.

Siegeszug der Dinosaurier

Seltsam sind die verschlungenen Wege der Evolution: Zuerst verließen Fische das Wasser auf vier fleischigen Flossen, die zu Beinen wurden. Reptilien kehrten dann erneut ins Meer zurück. Aus Beinen wurden wieder Flossen, und es entwickelten sich die Top-Räuber ihrer Zeit.

Doch bevor es dazu kam, erschütterte das größte bekannte Massenaussterben der Erdgeschichte unseren Planeten: die berüchtigte Perm-Trias-Grenze, zugleich der Übergang vom Paläozoikum, vom Erdaltertum, zum Mesozoikum, dem Erdmittelalter, dem Zeitalter der Reptilien. Drei Viertel aller Landtiere starben damals aus – und im Meer war die Situation noch entsetzlicher. Zwischen 80 und 96 Prozent aller Tier- und Pflanzenarten in den Ozeanen der Erde verschwanden.

Man sollte meinen, dass es nach so einem Rückschlag für das Leben wohl für längere Zeit aus ist. Aber schon wenige Millionen Jahre, erdgeschichtlich also nur einen Augenblick später, tauchte *Thalattoarchon saurophagis* auf, ein fast neun Meter langer Fischsaurier mit scharfkantigen Zähnen und kräftigem Körperbau. Ein solcher Koloss kommt nicht einfach aus dem Nichts. Er besetzte eine biologische Nische – und zwar die eines Top-Räubers, wie es heute Schwertwale (Orcas) und Weiße Haie sind. Wo es aber einen so großen Räuber gibt, muss es auch eine solide Nahrungsgrundlage ausreichend großer Beute geben. Das heißt also: Die damaligen Ökosysteme erholten sich viel schneller von der globalen Katastrophe als gedacht.

Während am Himmel die ersten Flugsaurier wie *Peteinosaurus* ihre Runden drehten, gingen im Meer neben *Thalattoarchon* immer mehr mittelgroße »Monster« auf die Jagd, wie die Flossenechse *Nothosaurus giganteus* mit fast vier Metern Länge oder die Giraffenhalssaurier *Tanystropheus,* von deren Lebensweise wir nicht viel wissen, außer, dass sich adulte Tiere wahrscheinlich in seichteren Meeresgebieten aufhielten.

Bis zu zehn Meter Länge erreichte der *Cymbospondylus,* der zu den größeren Ichthyosauriern der Trias zählte. Riesige Fischsaurier gab es immer mehr, doch die Oberhand behielt wohl *Thalattoarchon saurophagis,* der Echsen fressende Souverän der Meere, wie sein wissenschaftlicher Name geradezu poetisch übersetzt werden kann. Er scheint der erste Makroprädator unter den Reptilien gewesen zu sein und war wohl in der Lage, Beute, die ebenso groß war wie er selbst, zu überwältigen.

150 Millionen Jahre lang beherrschen die Fischsaurier die Meere und entwickeln eine Vielfalt, die hier in ihrer Fülle nicht dargestellt werden kann. Erst 2003 legte ein Forscherteam vom Naturkundemuseum in Stuttgart in der Nähe von Göppingen gut erhaltene Überreste eines etwa sieben Meter langen *Temnodontosaurus* frei. Der Fund erhielt den Spitznamen »Monster von Eislingen« und gilt als einer der größten, die in Deutschland je geborgen wurden.

Wir sind 155 Millionen Jahre vor unserer Zeit im Jurameer unterwegs, als neben den Sauriern ein neuer Gigant auftaucht: *Leedsichthys problematicus* ist kein Saurier und auch kein Hai, sondern ein Echter Knochenfisch (Teleostei). Sein Beiname *problematicus* deutet schon an, dass er seinen Beschreibern Kopfzerbrechen bereitet. Ältere Schätzungen gingen von einer Gesamtlänge von

27,6 Metern aus! Das würde ihn zum allergrößten Knochenfisch der Erdgeschichte machen. Doch die Bestimmung der Größe ist aus einem bemerkenswerten Grund schwierig: Die Wirbelsäule bestand zum größten Teil aus Knorpel, der fossil selten erhalten bleibt. Das Skelett war nur teilweise verknöchert, kein vollständiges Exemplar wurde gefunden. Da Fische ihr Leben lang wachsen können, geht man heute davon aus, dass Exemplare mit einem Alter von 20 Jahren eine Länge von neun Meter erreichten und im Alter von 38 Jahren 16,5 Meter lang gewesen sein konnten. Damit wäre er größer gewesen als der heute lebende größte Fisch, der Walhai. Wie dieser ernährte sich *Leedsichthys* von Plankton oder kleineren Fischen, die er mithilfe eines Filtrierapparates im Maul und Kiemen aus dem Wasser herausgefiltert hat. Er war wohl ein friedlicher Riese, aber auch eine lohnende Beute für riesige Prädatoren.

Metriorhynchus, ein marines Krokodil, wurde allerdings nur drei Meter lang und konnte darum ausgewachsenen *Leedsichthys* nicht gefährlich werden. Er hatte einen stromlinienförmigen Körper, zu Flossen umgewandelte Beine und einen mit einer Schwanzflosse ausgestatteten Schwanz. Drüsen zum Ausscheiden von Salz ermöglichten es ihm, Salzwasser zu trinken. Er war ein echter Meeresbewohner, dessen Weg vielleicht gelegentlich ein *Hybodus* kreuzte, eine ausgestorbene Gruppe von Haien, die mit 2,5 Metern Länge nicht unbedingt zu den Monstern des Jurameeres zählten, die aber im Ökosystem als mittelgroße Prädatoren einen wichtigen Platz einnahmen: Sie fraßen Fische und Kopffüßer und wurden bestimmt häufig zur Beute der großen Herrscher der Meere.

Noch befinden wir uns im Erdmittelalter, dem Zeitalter der Echsen. Gegen Ende der Kreidezeit vor 75 Millionen Jahren hätte ich mir einen Tauchgang wahrscheinlich nicht zugetraut, so wimmelte es im Meer von furchteinflößenden Kreaturen. Zu dieser Zeit wären die Freunde der Haie auf ihre Kosten gekommen, denn der bis zu fünf Meter lange *Squalicorax*, ein Makrelenhaiartiger und damit ein ferner Verwandter des Megalodons und des Weißen Hais, ging mit seinen feinen, spitzen Zähnen, die an jene des Tigerhais erinnern, auf Jagd. Auch die Knochenfische zeigten Stärke, und ein Tauchgang im Blauwasser wäre allein wegen des kräftig gebauten *Xiphactinus*, des flinken Schwertfisches, wie man es übersetzen könnte, aufregend gewesen. Dieser fünf bis sechs Meter lange Raubfisch konnte vermutlich eine Geschwindigkeit von 60 Stundenkilometern erreichen. Seine Schwanzflosse war groß und tief gegabelt, wie es auch heute für schnelle Jäger des Freiwassers typisch ist. Eine *Xiphactinus*-Fossilie von fünf Metern Länge wurde gefunden, der ein zwei Meter langer Fisch aus dem Maul ragt – mit dem Kopf voran verschluckt, wie es sich für gute Prädatoren gehört.

Daneben gibt es die weltweit verbreiteten Mosasaurier, meeresbewohnende Reptilien, zweifellos einige der furchteinflößendsten marinen Kreaturen der Erdgeschichte. Sie sahen aus wie eine Mischung aus Zahnwal und Krokodil, mit Flossen statt Laufbeinen, mit einem langgestreckten Schädel und sehr kräftigen Kiefern voller spitzer, gleichartiger Zähne. Alles, was sie mit ihrem riesigen Maul zu fassen kriegten, wurde gefressen, selbst tief fliegende Flugsaurier. Weil sie über ein besonderes Gelenk im Unterkiefer verfügten, konnten sie ihr Maul sehr weit öffnen und große Nahrungsbrocken aufnehmen. Wie die Ichthyosaurier auch waren die Mosasaurier lebendgebärend, wie Fossilienfunde mit versteinerten Embryonen im Muttertier beweisen. Die Geburt erfolgte wie bei Wassertieren üblich mit dem Schwanz voran, anders als etwa bei Menschen, da die Jungtiere sonst während der Geburt hätten ertrinken können. So war es auch bei den Ichthyosauriern, so ist es bis heute bei den Waltieren.

Fossile Überreste von Mosasauriern wurden bereits um 1770 in einem Kalksteinbruch bei Maastricht gefunden. Die Fundstücke gelangten während der französischen Revolution nach Paris, wo sie der überragende Naturwissenschaftler Georges Cuvier, der als Begründer der Paläontologie und der vergleichenden Anatomie gilt, als Echse und nicht etwa als Fisch oder Wal identifizierte. Cuvier meinte, dass wiederholte Katastrophen in der Erdgeschichte einen Großteil der Lebewesen vernichtet hätten. Aus den verbliebenen Arten seien dann in den darauf folgenden Phasen neue Lebensformen entstanden. Cuvier hatte also, weit vor Darwin, schon eine erste Ahnung von der Evolution.

Auch *Mosasaurus* und alle anderen »Dinosaurier« sind am Ende der Kreidezeit in der Folge einer globalen Katastrophe ausgestorben und ein neues Zeitalter begann.

***Basilosaurus:* kein niedlicher Wal**

Als die Vorherrschaft der Reptilien Geschichte war, konnten die guten alten Haie, die es bereits seit mehr als 410 Millionen Jahren gibt, Spitzenpositionen in der Nahrungskette einnehmen, und die Verwandtschaft sollte einen wahren Giganten hervorbringen. Doch bevor diese Kreatur der Meereswelt das Fürchten lehrt, müssen wir kurz im Eozän haltmachen, jenem Zeitintervall von 41 bis 35 Millionen Jahren, in dem eine sprunghafte Weiterentwicklung der Säugetiere stattfand. Auch im Ozean vollzog sich diese Entwicklung und brachte den 18 Meter langen *Basilosaurus* hervor, das größte Säugetier seiner Zeit. Wenn Sie eine Darstellung eines solchen Raubwals im Internet anschauen, werden Sie wahrscheinlich denken: Das hatten wir ja schon; ein Mosasaurier oder so etwas. Ein Reptil. Genau das dachten im ersten Moment auch die Entdecker und nannten sie *basiléōs* = König und *sauros* = Echse. Erst beim näheren Hinsehen wurde klar, dass es sich um ein Säugetier handelte, ein Waltier. Die fossilen Überreste der furchteinflößenden Kreatur – natürlich mit mächtigen Kiefern und Zähnen – geben uns eine Lektion in Sachen Evolution: Das Tier hatte noch verkümmerte Hinterbeine, dafür aber noch kein Blasloch, das es den Walen von heute ermöglicht, elegant durch das Wasser gleitend Luft zu holen. Stattdessen musste der Urwal seine Schnauze mit den Nasenlöchern aus dem Wasser strecken, um einzuatmen. Nun ja: Auch Rom wurde – Jahrmillionen später – nicht an einem Tag erbaut. Und nicht nur im Hinblick auf die äußere Gestalt ähnelte *Basilosaurus* dem *Mosasaurus*. Auch seine Lebensweise war eine ähnliche: Er füllte in seiner Zeit die Rolle des Top-Prädators der Meere aus.

Der *Große Zahn* macht die Meere unsicher

Nun wenden wir uns aber dem legendären Megalodon zu, der wahrscheinlich größten Haiart der Erdgeschichte. Zwischen 20 und etwa zwei Millionen Jahren vor unserer Zeit haben diese Tiere die Meere unsicher gemacht. Sie lebten in seichten, gemäßigten und warmen Schelfmeeren und fraßen alles, was ihnen zwischen die Zähne kam, bis hin zu den größten Waltieren.

Wissenschaftlich beschrieben wurde Megalodon 1843 vom berühmten Louis Agassiz, einem der Großen der Meeresbiologie jener Zeit. Er nannte ihn *Carcharocles megalodon*, wobei das Artbeiwort für »großer Zahn« steht. Eine wahrlich treffende Namensgebung: Einige der gefundenen Zähne sind mehr als 18 Zentimeter lang und begehrte Sammlerstücke in einer riesigen Gemeinde von Begeisterten weltweit. Auf der Zahngröße basierend und im Vergleich mit dem Gebiss des Weißen Hais wurden mehrmals Gebisse des Megalodons rekonstruiert. Trotz mancher Übertreibungen, die dabei herausgekommen sind: Sein Maul dürfte an die drei Meter breit und 2,5 Meter hoch gewesen sein. Der Prophet Jona hätte also locker hineingepasst, aber zu alttestamentlicher Zeit war der Megalodon längst ausgestorben.

Die Kiefer des Megalodons waren dabei möglicherweise die stärksten, die es jemals gegeben hat: Bis zu 182.000 Newton pro Quadratzentimeter Beißkraft wurden an der Basis der Kiefer, also in der Nähe des Gelenks, erreicht. Der Weiße Hai erreicht »nur« ein Zehntel dieser Stärke, ein Krokodil kommt gerade auf 13.000 Newton, ein Wolf auf 600 und der Mensch ... nun der Mensch auf 800. Ja, es stimmt: Der Mensch kann tatsächlich stärker beißen als der Wolf.

Auch heute leben noch beeindruckende Kreaturen im Ozean. Beispielsweise der Pottwal (*Physeter macrocephalus*). Männliche Tiere werden bis zu 18 Meter lang und können mit nur einem Atemzug unfassbare 3.000 Meter tief tauchen. Orcas, die Schwertwale (*Orcinus orca*), verfügen über überragende Intelligenz und höchste soziale Organisation, was sie zu gefürchteten Jägern macht, die selbst die größten Kreaturen des Meeres angreifen, auch den Weißen Hai (*Carcharodon carcharias*), den mit maximal sieben Metern Länge größten Raubhai der Gegenwart. Monster sind diese Giganten trotz ihrer Größe und Kraft aber nicht, sondern eher sehr verletzliche Geschöpfe des Meeres, die durch uns Menschen in vielfacher Weise bedroht sind. Wir wollen darum jetzt in die Gegenwart zurückkehren. Im nächsten Kapitel werden wir kennenlernen, dass manche sympathischen Meeressäuger wie Wale und Delfine völlig ausrasten und sich an Mord und Vergewaltigung beteiligen können, während die gefürchteten Haie sich als weit friedlicher erweisen als häufig vermutet.

VON VERKLÄRTEN FRIEDENSSTIFTERN UND ENTTHRONTEN KÖNIGEN DER MEERE

Mord und Totschlag kommen in den besten Delfin- und Haifamilien vor

In der Welt ist im Grunde des Guten so viel wie des Bösen;
weil aber niemand leicht das Gute erdenkt,
dagegen jedermann sich einen großen Spaß macht,
was Böses zu erfinden und zu glauben,
so gibt's der favorablen Neuigkeiten so viel.

Johann Wolfgang von Goethe

»Man ruft nur Flipper, Flipper,
gleich wird er kommen,
jeder kennt ihn – den klugen Delfin.
Wir riefen Flipper, Flipper,
den Freund aller Kinder,
Große nicht minder, lieben auch ihn ...«

Fällt Ihnen zu diesem Text die Melodie ein? Ich persönlich muss nicht nach ihr in meinem Gedächtnis graben, denn sie ist mir seit meiner Kindheit nicht mehr aus dem Sinn gegangen. Seitdem ich in meinen jungen Jahren diese amerikanische Serie im Fernsehen angeschaut habe, habe ich immer von Delfinen geträumt. Sie schienen mir wie nahezu übernatürliche Wesen, Botschafter einer besseren Welt voller Güte und Zuneigung. Wenn sie aggressiv waren, dann nur gegen die Haie: Wie ein Torpedo beschleunigten die sympathischen Meeressäuger dann und stießen mit ihrer starren Schnauze in die Kiemen oder den Bauch eines – harmlosen, aber das wusste ich damals noch nicht – Riffhais. Der kippte um und trieb regungslos im Wasser. Welche Erleichterung:

Das Gute brachte das Böse um, die Kinder waren in Sicherheit! Nun ja, später sollte ich lernen, dass die Welt auch im Ozean ein wenig komplizierter ist.

Das fängt schon mit der Serie vom klugen Delfin selbst an. Sie war mit daran beteiligt, dass es zu einem weltweiten Delfin-Hype kam und an vielen Orten Delfinarien entstanden und Delfine in Gefangenschaft gehalten wurden. Eingefangen in den unendlichen Weiten des Ozeans wurden sie in viel zu kleinen Betonbecken eingesperrt und fristeten ein oft trostloses Dasein. Einer, der sich sehr gut mit der Wirklichkeit hinter den Kulissen des Geschäfts mit den Delfinen auskennt, ist der 1939 in Florida geborene Tiertrainer Richard O'Barry. Er hatte auch die Delfine für die Flipper-Serie (ja! Es gab nicht nur »den« einen!) trainiert und nachdem ihn seine Arbeit in tiefe Gewissenskonflikte gestürzt hatte, die Seiten gewechselt: Er setzt sich seit Jahrzehnten vehement für den Schutz von Delfinen und gegen ihre Haltung in Gefangenschaft ein. Eines von O'Barrys Büchern heißt »Behind the Dolphin Smile« – »Hinter dem Lächeln der Delfine«. Die Ironie des Titels wird einem klar, wenn man weiß, dass diese Tiere gar kein Lächeln kennen, weil sie keine Gesichtsmimik haben. Sie – oder ihr abgetrennter Kopf – lächeln auch noch im Tod. Delfine süß zu finden, weil sie unablässig so freundlich lächeln, ist Unsinn. Sie lächeln nicht, ihr leicht gebogener Unterkiefer steht nur etwas vor. Sie haben bloß ein krummes Gebiss.

O'Barry hat mitansehen müssen, wie eines der darstellenden Delfinweibchen namens Cathy »Selbstmord« beging und in seinen Armen starb. Er hatte mehr gefühlt als erkannt, dass Delfine als hochentwickelte Säugetiere ein Ich-Bewusstsein haben, sich ihrer Existenz bewusst sind und sich nicht nur im Spiegel, sondern sogar auf Fernsehaufnahmen erkennen.

Zu dieser Zeit wusste man noch nicht, dass der Große Tümmler (*Tursiops truncatus*) das abgesehen von uns Menschen einzige bisher bekannte Lebewesen ist, das sich selbst einen Namen gibt und andere Mitglieder seiner Gruppe mit deren Namen anspricht. Schon als Jungtiere entwickeln Tümmler diesen individuellen Pfeifton, den Signaturpfiff, den sie ihr Leben lang als persönliches Kennzeichen beibehalten werden. Tiere, die schon mehr als 20 Jahre in Gefangenschaft gelebt hatten, konnten sich immer noch an die »Namen« (Signaturpfiffe) ehemaliger Gefährten erinnern. Eine erstaunliche Gedächtnisleistung! Viele Forscher sind davon überzeugt, dass Delfine sogar artübergreifende Kommunikation beherrschen, obwohl ein großer Teil dieser Geheimnisse noch unerforscht ist. Und es fällt uns ja auch nicht leicht, all das schrille Quietschen, Pfeifen, Zwitschern, Zirpen, Bellen, Muhen, Miauen und dazu noch all die Klicklaute als komplexe Sprache zu verstehen, die noch dazu in so hohen Frequenzbereichen »gesprochen« wird, dass unsere Ohren sie kaum wahrnehmen können. »Delfinisch« ist für Menschen eine harte Nuss, und doch besteht berechtigte Hoffnung, dass wir uns in naher Zukunft mit unseren Säugetier-Verwandten im Meer werden »unterhalten« können. Dann werden wir mehr darüber wissen, worüber Delfine »reden«. Ich habe die Vermutung, dass sich die Inhalte ihrer Gespräche gar nicht so sehr von denen der unsrigen unterscheiden: Wer ist wo, was macht er, was gibt es zum Fressen, welche Gefahren drohen … Und natürlich geht es auch ums Vergnügen und um die Liebe. Als sehr intelligente Tiere sind Delfine für die körperliche Liebe sehr anfällig. Eine weitere Ähnlichkeit mit uns …

Die Sexmonster der Meere?

Und diese Ähnlichkeit betrifft auch nicht nur die romantischen Aspekte der Liebe. Anna Rothenfluh erklärt auf watson.ch, warum sie Delfine hasst, und listet einige Schimpfnamen auf, die ihrer Meinung nach genau beschreiben, was Delfine in Wahrheit sind: Arschlöcher der Meere, Sadisten-Torpedos, Jack The Flippers, Gangbang-Sharks ... Warum ist sie so sauer? Nun: Delfine können sehr, nun ja, geil und dann ziemlich hemmungslos sein ... Sie begatten tote Fische, Gummistiefel und die Atemlöcher ihrer Brüder. Sie tun es auch mit einem Abflussrohr. Oder mit der Hälfte eines toten Fisches ohne Kopf. Die russische und US-amerikanische Marine hat nicht immer Freude mit ihren »tierischen Agenten«: Anstatt Seeminen für die Armee zu orten und zu entschärfen, reiben sie sich lieber daran, dann aber in ungebührlicher Weise.

In meiner 40-jährigen Taucherkarriere habe ich oft mit Delfinen zu tun gehabt. In aller Regel sind sie scheu, gelegentlich verspielt und sie können einem vor allem in Regionen, in denen nicht gejagt wird, auch sehr nahe kommen. In solchen Taucharealen bin ich auch schon öfter den »geilen Delfinmännchen« begegnet. In der Regel sind es Pubertierende. Delfine werden erst im Alter von sieben Jahren geschlechtsreif, doch sie sind schon im zarten Alter kopulationsfähig. Und wenn sie so richtig aufdrehen, wie ich es in Dahab am Roten Meer erlebt habe, dann ist es ratsam, das Wasser zu verlassen. Zielgenau erkennen die Tiere, welches tauchende Wesen männlich und welches weiblich ist, auch wenn es in einem sieben Millimeter dicken Neoprenanzug steckt. Mit der stumpfen Schnauze fummeln sie zwischen den Beinen der Taucherinnen herum, und bald schon werden anatomische Details der Waltier-Genitalien sichtbar: Der Penis ist im Ruhezustand in einer Hautfalte auf der Bauchseite versteckt. Ein Delfin sieht dann ziemlich geschlechtslos aus. Bei sexueller Erregung kommt der Penis allerdings schneller zum Vorschein, als man glauben würde. Auf YouTube kann man sich zahlreiche Kurzvideos anschauen, die zeigen, wie Delfine junge Frauen »belästigen«, in freier Natur und auch in Gefangenschaft. Auch Jessica Alba, die in den Jahren 1995 bis 2000 »Flippers neue Abenteuer« drehte, musste irritierende Erfahrungen mit »total geilen« Delfinen machen, die sie mit ihren »extrem langen Penissen« umschwammen. In der Tat: Delfinmänner sind nicht zimperlich. Und sie bedrängen nicht nur Taucherinnen. Homosexualität ist bei ihnen nicht ungewöhnlich und auch den Artgenossinnen gegenüber verhalten sie sich oft alles andere als galant. Zwar kennen sie durchaus auch das Werben um eine Braut und bringen die schönsten Seetangsträuße, um die Auserwählte für sich zu gewinnen. Aber wenn sie nicht will? Dann wenden Delfinmänner auch schon einmal Gewalt an. Wobei Vergewaltigung ein Begriff aus der Menschenwelt ist, und Wissenschaftler bei Tieren sachlich von erzwungener Kopulation sprechen. Es ist sogar beobachtet worden, dass Männergruppen »Mädchen« von der Gruppe isolieren und sie über Wochen sozusagen als Sexgeiseln halten. Ja, Delfine können ziemlich gewaltbereit sein …

Es ist Zeit für die Wahrheit:
Die Killerdelfine kommen

Gegen Ende der 1990er-Jahre mehrten sich die Hinweise, dass der angeblich so sanfte Große Tümmler noch weitere »dunkle Seiten« hat. Biologen und Tierärzte fanden im Nordosten Schottlands tote Schweinswale am Strand. Sie waren ziemlich zugerichtet: gebrochene Rippen, innere Blutungen, Prellungen am ganzen Leib. Dazu dreieckige Wunden, offensichtlich Bissspuren, und parallel verlaufende, oberflächliche Kratzer. Die Vermessung der Spuren und Wunden brachte Gewissheit: Flipper, Große Tümmler waren die Täter. »Mein Gott«, seufzte der Meeresbiologe und Delfinforscher Ben Wilson, »die Tiere, die ich seit zehn Jahren erforsche, bringen Schweinswale um!« Delfine als lächelnde Killer? Bald schon konnten die Forscher direkt beobachten, wie eine Gruppe von Delfinen Jagd auf einen Schweinswal machte: Sie rammten das Tier, das kleiner ist als sie selbst, und griffen es wiederholt brutal an. Und damit nicht genug: Auch bereits tote Jungtiere der eigenen Art wurden attackiert. Bald darauf fanden sich auch vor der Küste Virginias mehrere verendete Delfinkinder mit Prellungen, Rippenbrüchen, den typischen Bissspuren und weiteren Merkmalen, die bereits aus Schottland bekannt waren. Die gutmütigen, intelligenten, hilfsbereiten Flipper – sie praktizierten Kindsmord, den Infantizid! Nun: Auch wenn dies unseren Vorstellungen völlig entgegensteht, im Tierreich ist solches Verhalten bei nicht monogam lebenden Arten gar nicht so ungewöhnlich. Braunbären und Löwen machen es. Berggorillas, Mantelpaviane, Ratten, Mäuse, Erdmännchen ebenso. Und Jane Goodall konnte 1976 auch bei unseren nächsten Verwandten, den Schimpansen, eine Kindstötung dokumentieren. Es geht bei dieser schrecklich und brutal erscheinenden Tötung von Nachkommen durch Männchen offenbar darum, die Gene des vorangegangenen Clanchefs auszuschalten und die eigenen »unterzubringen«. Weibchen, die keinen Nachwuchs (mehr) aufziehen, werden schneller paarungswillig. Die Kinder eines anderen Männchens umzubringen heißt also, mit den eigenen Genen schneller zum Zuge zu kommen.

Doch warum dann die Schweinswale? Vielleicht »üben« sie an ihnen das Töten. Es kann aber auch einfach Übermut und Spieltrieb sein, der die Meeressäuger zu Killern macht. Oder Drogen?

Delfin-Junkies: Gib den Joint weiter!

Denn wenn wir von den außergewöhnlichen Talenten der Delfine und ihren Ähnlichkeiten mit uns Menschen berichten, dann darf eine Beobachtung nicht fehlen, die einem BBC-Kamerateam in den Gewässern vor Mosambik gelang. Zum ersten Mal überhaupt konnte das Team dokumentieren, wie sich einige jugendliche Delfine einen Drogenrausch verschafften. Nein, nicht mit Gras. Sie hatten einen viel wirksameren Stoff entdeckt: TTX, Tetrodotoxin, das Gift der Kugelfische, von dem wir zuvor schon gehört haben. Die Delfine schnappten sich in Grundnähe einen Kugelfisch und nahmen ihn zwischen die Kiefer, dann kauten sie so vorsichtig an ihm herum, dass der Fisch nicht verletzt wurde. So machte der »Joint« dann die Runde und im Film kann man sehen, wie die bekifften Jungdelfine anschließend mit etwas glasigem Blick und wie in Trance direkt unter der Wasseroberfläche herumhängen. Der Joint wird übrigens freigelassen, versucht seine normale Form anzunehmen und sucht das Weite. Und es wäre auch keine gute Idee, würden die Delfine den Kugelfisch verspeisen wollen: TTX gehört ja zu den stärksten Giften des Meeres! Offenbar beherrschen die Delfine die Dosierung des Neurotoxins, das sie über die Mundschleimhaut aufnehmen, aber perfekt.

Killerhaie – die unwahrscheinlichste Todesursache der Welt

Wir haben nun gehört, dass die »guten Delfine« durchaus nicht in jeder Hinsicht die sonnigen Wesen sind, als die wir sie gerne sehen. Wie ist es nun mit den Haien? Sind diese tatsächlich so böse, wie Filme wie der »Weiße Hai« oder Serien wie »Flipper« es uns glauben machen?

Nun: Harmlos sind sie nicht! Gerade an dem Tag, an dem ich dieses Kapitel fertig geschrieben habe, erreichte mich eine Meldung aus Ägypten. Eine junge Österreicherin war beim Schnorcheln im Roten Meer bei Marsa Alam von einem Hai attackiert und schwer, aber nicht lebensbedrohlich verletzt worden. Mehrere Urlauber wollten eine Gruppe von Delfinen beobachten, und die junge Frau hatte sich dabei 40 bis 50 Meter weit von einem Steg entfernt, als ein Hai angriff.

Die bösartige Attacke eines hinterlistigen Meeresungeheuers? Bei Marsa Alam kommen Makohaie vor. Gerne begleiten diese Delfingruppen, wie ich aus eigener Erfahrung weiß, denn ein junger Delfin ist für sie eine potenzielle Beute. Nun bemerkt der Hai also in der Nähe »seiner« Delfine eine wilde Zappelei und wird neugierig. 50 Meter vom Steg entfernt beißt er zu. Hätte er die Frau (schon) als Beute identifiziert, dann wäre sie heute vermutlich nicht mehr am Leben. Er hat eher einmal getestet, was dieses unbekannte Wesen, das in der Nähe seiner Beute schwimmt, eigentlich ist und ob man es überhaupt fressen kann. Allerdings: Für sein Opfer fühlt sich das natürlich ganz anders an! So ist bei Haien das, was wir als Bösartigkeit wahrnehmen, oft nur ein natürliches Verhalten, das Menschen gefährlich wird, weil sie sich mit den Tieren und ihrem Verhalten nicht auskennen. Halten wir uns darum an die Fakten: Haie gibt es seit mehr als 410 Millionen

Jahren (etwa so alt ist die älteste Fossilie). Nach vielen Höhen und Tiefen in der Erdgeschichte und fünf massiven Aussterbewellen in den Ozeanen – heute erleben wir die sechste, was viele noch nicht wahrhaben wollen – gibt es gegenwärtig noch an die 530 Haiarten. Von diesen 530 Spezies waren in den letzten Jahrzehnten maximal vielleicht 25 überhaupt in statistisch erfasste Zwischenfälle mit Menschen verwickelt. Zwischenfälle sind aber noch lange keine Todesfälle! Oft handelt es sich bei den davongetragenen Verletzungen bloß um Hautabschürfungen, weil Haie eine raue, mit sogenannten Hautzähnchen oder Plakoidschuppen ausgestattete Haut haben. Unter den 25 an Zwischenfällen beteiligten Arten waren nur etwa zehn bis zwölf Arten regelmäßiger anzutreffen, und davon wiederum nur drei, bei denen man von einer gewissen Häufigkeit sprechen kann. Wenn wir also über die Gefährlichkeit von Haien sprechen, dann reden wir über diese *big three*, wobei »big« sich nicht unbedingt auf die tatsächliche Größe, sondern eben auf die Gefährlichkeit bezieht. Der allergrößte Hai überhaupt, der tropische Walhai mit bis zu 14 Metern Länge, ist tatsächlich ein völlig harmloser, friedlicher Filtrierer, der primär Plankton und kleine Fische frisst. Nicht minder harmlos ist der zweitgrößte Hai der Gegenwart, der Riesenhai, der auch im Mittelmeer und im Frühjahr selbst in der Nordadria bis Rijeka, Triest und Venedig vorkommt.

Doch zurück zu den *big three:* Da ist der in allen nicht unbedingt tropischen Meeren der Welt und auch im Mittelmeer vorkommende Weiße Hai, der nachweislich sieben Meter Länge erreichen kann. Dann der in tropischen Meeren lebende Tigerhai, der mit fünf bis sechs Metern Länge nur geringfügig kleiner ist als der Weiße Hai, und schließlich der ebenfalls in den Tropen beheimatete Bullenhai. Er ist eine Klasse kleiner, doch nicht minder gefährlich als die ersten beiden. Die haben allein aufgrund ihrer Größe und ihres Gebisses nicht mehr viele Feinde im Ozean. Lediglich der Schwertwal oder Orca kann ihnen gefährlich werden. Alle drei sind regelmäßig in Zwischenfälle verwickelt und greifen auch Menschen an. Doch was genau heißt regelmäßig?

Leider gibt es keine Regierungsorganisation oder gar eine übernationale Instanz wie die UNO, die die Fakten im Blick auf Haiangriffe zuverlässig sammeln würde. Allerdings bemühen sich zwei leider miteinander konkurrierende Nichtregierungsorganisationen die Vorfälle zu dokumentieren. Das Global Shark Attack File (GSAF, sharkattackfile.net) hat seinen Sitz in Princeton, das International Shark Attack File (ISAF, floridamuseum.ufl.edu) in Florida. Beide führen Statistiken, die aber bedauerlicherweise nicht übereinstimmen, was in unserer vernetzten Welt etwas sonderbar ist. Die Grundaussage ist aber bei beiden Organisationen gleich: Bezogen auf zehn Jahre gibt es zwischen 70 und 100 »unprovozierte Angriffe« jährlich. Das sind Angriffe, die im Lebensraum der Haie erfolgen – der Mensch begibt sich also in den Ozean und wird nicht z.B. an Deck eines Schiffes von einem gefangenen Hai gebissen – und bei denen es keine Provokation durch den Menschen gab, also etwa durch blutige und zappelnde Fische, die sich ein Harpunenjäger an seinen Gurt gehängt hatte. Dieses Kriterium vorausgesetzt hat das ISAF seit seiner Gründung 1958 etwa 6.000 Fälle dokumentiert, von denen die ältesten in der Mitte des 16. Jahrhunderts liegen. 6.000 Fälle also in 500 Jahren. 2007 hat es 70 »unprovozierte Angriffe« gegeben, davon nur einen tödlichen, 2008 55 Angriffe und vier tödliche, 2009 waren es 68 Angriffe, von denen sieben tödlich endeten. 2011 hat es 79 unprovozierte

Angriffe mit 13 Toten gegeben, 2013 77 Angriffe mit zehn Toten. Von den dokumentierten Angriffen enden also beileibe nicht alle tödlich.

Bedenkt man zudem, wie viele Menschen sich an jedem Tag des Jahres überall auf der Welt im Meer aufhalten, dann ist ziemlich klar: Die Gefahr, durch einen Hai sein Leben zu verlieren, zählt zu den unwahrscheinlichsten Todesursachen der Welt! Würden Menschen in das Beuteschema der Haie passen, müssten wir bei Hunderten von Millionen Menschen, die am Ozean leben und in ihm schwimmen, Zehntausende von Toten haben. Das ist aber nicht der Fall. Und von den sechs, acht oder zehn Menschen, die jährlich durch Haie getötet werden, werden die wenigsten gefressen. Sie sterben in der Regel durch den Schock und vor allem durch den massiven Blutverlust.

Das heißt aber nicht, dass alle Haie stets ungefährlich sind. Speziell in einigen Gegenden und unter bestimmten Bedingungen können Haie eine echte Bedrohung sein. Besonnene Menschen mit einem gewissen Wissen über Haie gehen dann eher nicht ins Wasser, wenn am Strand fünfzehn Warntafeln stehen, die vor ihnen warnen. Die Schilder stehen ja nicht zufällig dort. Solche Menschen gehen nicht allein in der Dämmerung oder in der Nacht in bestimmten Regionen schwimmen, so z.B. nicht in der Nähe von Flussmündungen, von Lagunen und in Mangroven mit trübem Wasser. Sie machen sich ein Bild, was die Nähe von menschlichen Siedlungen angeht und davon, ob dort viel gefischt wird oder Nahrungsreste im Meer landen. Wenn bekannt ist, dass es dort grundsätzlich Haie gibt, ist vom Schwimmen eher abzuraten, wie auch da, wo es große Schwärme von kleinen Fischen gibt, die plötzlich Heerscharen von Prädatoren anlocken.

Und bei all dem macht es auch einen Unterschied, ob ein Mensch allein ins Wasser geht oder ob man in kleinen Gruppen schwimmt. Es macht einen Unterschied, ob wir nur schwimmen und nicht sehen, was unter uns los ist, oder schnorcheln und unsere Unterwasserumgebung wenigstens einigermaßen im Blick behalten können. Und etwas ganz anderes ist es, wenn Menschen mit Geräten tauchen. Ein Blick in die Statistik reicht, um zu erkennen, dass Taucher sehr selten »unprovoziert angegriffen« werden. Nicht selten aber provozieren Taucher Haie, indem sie diese anfüttern, um sie besser beobachten zu können. Dass das Risiko eines Angriffs damit steigt, ist klar, weil die Haie durch das Nahrungsangebot in Rage geraten. Am gefährlichsten aber leben Surfer, Wellenreiter und andere Wassersportler auf kleinen Brettern. Aus irgendeinem Grund, der nicht völlig verstanden wird, sind sie überdurchschnittlich häufig Opfer von Haiangriffen. Eine nicht wirklich bestätigte Vermutung ist, dass auf ihren Brettern paddelnde Surfer von Haien für Seehunde oder Robben gehalten und darum angegangen werden (ob sich ein Hai mit seinen vielen perfekten Sinnen so täuschen kann?). Und tatsächlich berichten Surfer, dass Haie von ihnen abgelassen haben, als sie statt eines schmackhaften Happens mit einem Mal ein Kunststoffbrett im Maul gehabt haben …

Der gefährlichste Strand der Welt und das spektakulärste Schauspiel der Ozeane

Harmlos sind also bestimmte Situationen und vor allem auch bestimmte Orte nicht, was die Gefahr durch Haie angeht. Vor allem Second Beach bei Port St. Johns in Südafrika an der Mündung des braunen Umzimvubu-Flusses gilt als der wahrscheinlich gefährlichste Strand der Welt. Seit 2007 starben an diesem Strand mindestens acht

Menschen durch Haie. Gleichzeitig gilt der Strand aber auch als der schönste Südafrikas. Jedes Jahr versammeln sich hier zehntausende südafrikanische Jugendliche mit Schlafsäcken zu einer Silvesterparty.

Dass dieser Strand so gefährlich ist, hat auch mit einem weltweit einzigartigen Phänomen zu tun, das in dieser Meeresregion zu beobachten ist: das *sardine run*, das von Mai bis Juli vor der Küste seinen Höhepunkt erreicht. Milliarden von Sardinen (*Sardinops sagax*) sammeln sich dann in den kalten Kap-Gewässern, um gemeinsam entlang der sogenannten Wild Coast Afrikas in das wärmere Wasser von Kwazulu und Natal im Indischen Ozean zu schwimmen. Die Schwärme können sieben Kilometer lang, fünf Kilometer breit und 30 Meter hoch bzw. tief sein, ein Fischkörper dicht an dicht an den anderen gedrängt. Natürlich kennen auch die tierischen Prädatoren des südwestlichen Indischen Ozeans dieses Phänomen. Was im Ozean auf Beutefang aus ist, schwimmt jetzt in diese Region. Und dann geht das ohne Übertreibung unbeschreibliche Spektakel los, dem man auf YouTube unter dem Stichwort *sardine run* beiwohnen kann. Das Meer kocht und brodelt. Zu Tausenden stürzen sich Tölpel wie Raketen aus 20 Metern Höhe ins Wasser, um mit ihren mächtigen Schnäbeln nach den silbrigen Fischen zu schnappen. Damit bedrängen sie die Fische von oben, die sich in riesigen drehenden »Bällen« zusammenrotten. Im Meer aber sind die ansonsten verfeindeten Haie und Delfine im Fressrausch vereint und schnappen gemeinsam nach allem, was es zu schnappen gibt. Selbst Wale holen sich ihren Anteil und schaufeln Tonnen vom Silberfisch in ihre Mäuler, die sich wie schwarze Abgründe auftun. Man vermutet, dass sich bei *sardine run* mehr Biomasse in Bewegung setzt als bei der Wanderung der Gnuherden in der Serengeti. Einst haben sich nur die örtlichen Fischer für das Spektakel interessiert, heute ist es auch der Abenteuer- und Tauchtourismus. Aber die Taucher begegnen eben nicht nur den riesigen Sardinenschwärmen, sondern auch denen, die Jagd auf diese machen …

Verlassen wir nun die lichtdurchfluteten obersten Wasserschichten und begeben wir uns auf den Tauchgang, den ich Ihnen bereits im Vorwort versprochen habe. Auch in den lichtlosen Tiefen der Meere gibt es beeindruckendes Leben. Sie haben jetzt die Chance, eine Welt zu erkunden, die bisher nur drei Menschen mit eigenen Augen beobachten konnten.

DAS UNBEKANNTE UNIVERSUM DER TIEFSEE

Auf dem Mond waren schon mehr Besucher ...

Keiner der Menschen, die vor mir waren,
und keiner von den nach mir kommenden
werden die Berge und die Meere sehen,
und die Finsternis, und das Licht, die ich gesehen habe.

Alexander der Große,
nach einem legendenbehafteten Tauchgang

Am 13. September 1959 schlug die sowjetische Sonde Lunik 2 als erster menschengemachter Körper auf dem Mond auf. 1966 landete Luna 9 als erster Flugkörper weich auf unserem Trabanten. Im Jahr 1968 umkreiste Apollo 8 mit drei Astronauten an Bord den Mond und am 21. Juli 1969 betraten dann um exakt 3:56 Uhr MEZ die ersten Menschen seine Oberfläche. In insgesamt sechs Apollo-Missionen der NASA zwischen 1969 und 1972 lernten insgesamt zwölf Menschen den 385.000 Kilometer entfernten treuen Begleiter unserer Erde aus unmittelbarer Anschauung kennen. Wissen Sie, wie viele Menschen den tiefsten Punkt der Ozeane erreicht haben, der nur elf Kilometer unter der Meeresoberfläche liegt?

Es waren der Schweizer Jacques Piccard, der US-Amerikaner Don Walsh und schließlich der berühmte Regisseur James Cameron im Jahr 2012. Insgesamt drei also! Warum ist das so? Warum ist es offenbar einfacher, ein 385.000 Kilometer entferntes Ziel im All zu erreichen als einen elf Kilometer tiefen Punkt im Ozean?

Nun: Gerätetaucher haben eine Vorstellung davon, dass die Welt unter Wasser eine andere ist. Sie wissen um den Druck, der auf dem Körper lastet und sich alle zehn Meter um ein Bar erhöht. Sie erleben, wie mit wachsender Tiefe die Dunkelheit immer undurchdringlicher wird, spüren die Gewalten der Strömungen und wissen um die psychologischen Auswirkungen, die die Tiefe in uns auslöst. Und hier geht es nur um Tauchtiefen von etwa 40 Metern. Die Tiefsee übersteigt, was die Bedingungen dort angeht, all unsere Vorstellungskräfte. Meereskundler nennen die tiefsten Bereiche der Ozeane unterhalb von 5.000 oder 6.000 Metern Hadal-Zone, ein Wort, abgeleitet vom griechischen Wort *hades* für Unterwelt. Die Hadal-Zone, das ist eine schwarze, lichtlose, kalte Hölle, die unter dem unvorstellbaren Druck von bis zu 1.100 Bar steht, das entspricht 1.085 Kilogramm Gewicht pro Quadratzentimeter. Ein durchschnittlicher Mann hat eine Körperoberfläche von etwa 1,73 Quadratmetern, also 17.300 Quadratzentimetern. Auf dem Körper eines solchen Mannes würde in der Hadal-Zone eine Masse von 18.770.500 Kilogramm oder 18.770 Tonnen lasten. Dazu kämen die absolute Dunkelheit und die Kälte. Die Wassertemperatur in dieser Tiefe beträgt maximal drei Grad Celsius. Alles in allem eine wahrhaft ungastliche Region.

Kein Wunder, dass es bisher nur so wenigen gelang, sie genauer in Augenschein zu nehmen.

Am 23. Januar 1960 waren es Jacques Piccard und Don Walsh, die mit dem Batyscaph (Tiefsee-Tauchboot) »Trieste« im Marianengraben eine Tiefe von 10.916 Metern erreichten. Dass der Marianengraben zu den tiefsten Stellen im Ozean zählt, wusste man bereits seit dem Ende des 19. Jahrhunderts, als man vom US-amerikanischen Schiff »Nero« per Drahtlotung eine Meerestiefe von 9.660 Meter ermittelt hatte. 1951 hatte das Vermessungsschiff »Challenger II« mittels Echolotung 10.899 Meter gemessen. 1957 ermittelte das sowjetische Forschungsschiff »Vitjas« dann ein Gebiet, das 11.034 Meter unter dem Meeresspiegel liegt und für längere Zeit als der tiefste Punkt der Ozeane galt. Erst 2012 gelang es wieder einem Menschen, in eine solche Tiefe hinabzustoßen: James Cameron mit dem U-Boot »Deepsea Challenger«.

Gibt es Leben in der Tiefe?

Lange Zeit konnte man sich nicht vorstellen, dass es in den tieferen Regionen des Ozeans Leben geben könnte. Bereits unterhalb von etwa 300 Faden (= ca. 550 Meter) gäbe es gar kein Leben mehr, meinte nicht nur der junge Edward Forbes (1815 – 1854), sondern auch andere führende Meereswissenschaftler seiner Zeit. Die azoische Theorie, wonach ab einer bestimmten Tiefe Leben im Ozean nicht existieren könne, war ein heftig diskutiertes Thema. Im Reich der ewigen Dunkelheit mit dem gewaltigen hydrostatischen Druck, sehr niedrigen Temperaturen, einem geringen Nahrungsangebot und der – so vermutete man – Abwesenheit von Sauerstoff konnte es kein Leben geben. Auf welche Tiefe musste man die »Null-Leben-Grenze ansetzen«? Forbes kam auf die 300 Faden-Grenze, weil er bei Forschungen in der Ägäis im Jahr 1840 in tieferen Regionen keine Lebewesen gefangen hatte. Aber schon er und andere ignorierten oder übersahen einige bereits früher von Antoine Risso (1777 – 1845) publizierte Arbeiten. Er hatte im Golf von Genua und vor Nizza gefangene Fische und Krebstiere aus 600 bis 1.000 Metern Tiefe beschrieben.

Ein zwischen Cagliari und Bône im Meer versenktes Telegrafenkabel weitete schließlich die Perspektive.

Nach drei Jahren auf dem Meeresgrund wurde es 1860 aus 1.800 bis 2.100 Metern Tiefe zu Reparaturzwecken hochgeholt. Der Kabelingenieur Henry Charles Fleeming Jenkin musste erstaunt feststellen, dass es vollkommen verkrustet war, mit den verschiedensten marinen Aufwuchsorganismen überwachsen, darunter Weichtieren, Korallen und Moostierchen. Der französisch-belgische Zoologe und Paläontologe Alphonse Milne-Edwards (1835 – 1900), der mit der Untersuchung des Materials beauftragt wurde, brachte dann auch die früheren Arbeiten Rissos wieder ans Licht, und man sah sich gezwungen, die »azoische Theorie« ins Meer zu versenken.

Über fünf Stockwerke hinunter in die Welt der Neonlichter

Heute hat man wissenschaftlich einen ganz anderen Blick auf die Tiefe. Schauen wir also einmal nicht horizontal über das Meer, sondern blicken vertikal in seine Tiefe, um ein realistisches Bild von der Tiefsee zu bekommen – dem allergrößten zusammenhängenden Lebensraum unserer Welt.

Wir verlassen die Küste und auch die seichteren Meeresgebiete des sogenannten Kontinentalschelfs, bis wir das Pelagial (vom griechischen *pélagos* = Meer) erreichen, den uferfernen Freiwasserbereich, die Hochsee, das offene Meer. Unter uns liegt eine Wassersäule, die durchschnittlich fast 4.000 Meter tief ist, in den Tiefseegräben aber auch elf Kilometer erreichen kann. Wir schließen die Luken unseres U-Bootes und beginnen unseren Tauchgang.

Wie eine Leben spendende Decke überspannt eine dünne, lichtdurchflutete Schicht das Weltmeer. Meereskundler nennen es das Epipelagial, weil es oben »aufschwimmt«. In dieser Region laufen die meisten Lebensprozesse im Meer ab, allem voran die Fotosynthese und der auf ihrer Grundlage stattfindende Austausch von Gasen zwischen Atmosphäre und Meer. Mit bloßem Auge kaum sichtbare Mikroalgen, die zu Billionen im Wasser treiben, das Phytoplankton, sind dafür verantwortlich. Neben dem Sauerstoff wird dabei organisches Material aufgebaut, Biomasse – die Nahrungsgrundlage sämtlicher Nahrungsnetze des Ozeans. Mit Recht wird das Epipelagial darum auch als Nährschicht bezeichnet. Hier wird mehr Sauerstoff und Biomasse erzeugt als verbraucht. Es bleibt ein Überschuss, den das sogenannte Nekton, das sind bewegliche Organismen wie Fische, Meeressäuger, Kalmare, Meeresschildkröten u.a., fressen können, wodurch wiederum Biomasse erzeugt wird. Was nicht gefressen wird und auch verendete Fische und dergleichen sinken in die tieferen Zonen ab.

Je nach Klarheit des Wassers folgt auf das Epipelagial irgendwann die Zehrschicht. Hier reicht das Licht nicht mehr aus, um einen Überschuss an Biomasse zu produzieren. Es wird weniger Sauerstoff und Biomasse erzeugt als verbraucht. Der zum Leben notwendige Sauerstoff und alle Nährstoffe für die Lebewesen müssen durch Stofftransport von oben herangetragen werden. Oder aber – und diese Variante spielt im Meer eine entscheidende Rolle: Die Bewohner größerer Tiefen steigen höher auf, durchbrechen die Kompensationsebene, das ist die Grenzschicht zwischen den beiden Zonen, und holen sich durch diese vertikale Wanderung aktiv die benötigten Stoffe. In der Regel vollzieht sich dieser Vorgang periodisch: Nachts steigen die Lebewesen aus der Zehrschicht auf, um in der Morgendämmerung wieder in die Tiefe zu verschwinden.

Die Untergrenze des Epipelagials liegt bei etwa 200 Metern, schwankt aber jahreszeitlich bedingt und auch von Ort zu Ort. In der Nähe von Flussmündungen, die trübes Wasser in das Meer bringen, ist die Grenzschicht weiter oben als in den Weiten der Ozeane mit kristallklarem Wasser.

Mesopelagial: Im Reich des Dämmerlichts

Während wir mit unserem U-Boot immer tiefer sinken, wird es um uns herum zusehendst dunkler. Zwischen 200 und 1.000 Metern Tiefe durchtauchen wir das Mesopelagial. *Méson* bedeutet griechisch »mittig«, und in der Mitte zwischen der lichtdurchfluteten und der ewig dunklen Schicht liegt dieser Bereich des Dämmerlichts. Meerestiere mit guten Augen können bei einem Blick nach oben schemenhaft Konturen anderer Kreaturen bzw. das Sonnen- oder Mondlicht erkennen. Riesige Kopffüßer mit tellergroßen Augen durchstreifen diese Zone, aber auch die Tiere der oberen Wasserschichten sind noch hier zu finden. Im Mesopelagial kommt eine bunte Gesellschaft zusammen: Die »ganz normalen« Meeresbewohner, die wir aus den seichteren Bereichen kennen wie etwa der Weiße Hai oder verschiedene Meeressäuger stoßen immer wieder in diese Tiefe vor und können dabei einigen typischen Tiefseeformen begegnen, die sich weit nach oben wagen.

Die Seichtwasser- und Tiefseebewohner sind zumeist leicht auseinander zu halten, denn Tiefseefische haben im Laufe der Evolution bestimmte Anpassungen an ihre extreme Umwelt entwickelt, die ganz unabhängig davon sind, zu welcher Verwandtschaft sie ursprünglich gehört haben. Biologen sprechen hier von konvergenter Evolution: äußerliche Ähnlichkeiten bei fehlender Verwandtschaft. Riesige Mäuler, großen Zähne und Leuchtorgane sind Beispiele für solche Merkmale, die die Bewohner tieferer Wasserzonen ihr Eigen nennen.

Das bedeutet allerdings nicht, dass Meerestiere, die keinerlei »Tiefseemerkmale« aufweisen, nicht doch auch in größeren Wassertiefen beheimatet sein können. Der bis zu einem Meter lange, schwarz gefärbte Pelikanaal (*Eurypharynx*) beispielsweise kommt in Tiefen von 500 bis 7.500 Metern in allen gemäßigten und tropischen Weltmeeren vor. Er hat, ganz untypisch für Tiefseefische, nur kleine Zähne, aber ein riesiges, kescherförmiges und nach hinten erweitertes Maul, das tatsächlich an den Schnabel eines Pelikans erinnert.

Ein anderes Lebewesen dieser Regionen brachte es 2013 zu einiger Berühmtheit. Beim British Science Festival in Newcastle ernannte man es zum hässlichsten Tier der Welt. Das war eine ungerechte Entscheidung, denn *Psychrolutes marcidus*, wie der Blobfisch wissenschaftlich heißt, ist eigentlich ein halbwegs normal aussehender Bodenfisch, eine Dickkopf-Groppe, die in Tiefen von bis zu 1.200 Metern lebt. Doch war das auf dem Festival präsentierte Foto äußerst unvorteilhaft. Denn der Körper der Groppe besteht hauptsächlich aus einer gallertartigen Masse und weniger aus festen Muskeln. Wenn man ihn aus dem Wasser holt, »zerfließt« der Fisch zu einer unförmigen und unansehnlichen Masse. Das Foto war also gemein, edel waren aber zumindest die Beweggründe der Organisatoren dieser Abstimmung. Der Präsident der »Ugly Animal Preservation Society« hoffte, dass die Aufmerksamkeit der Öffentlichkeit auf die menschengemachten Gefahren gelenkt wird, von denen diese eigentümlichen und wunderbaren Kreaturen bedroht seien.

Bis in 2.000 Metern Tiefe findet man nahezu weltweit auch die schuppenlosen, dafür aber umso schleimigeren Inger oder Schleimaale (Myxinidae). Diese aalförmigen Fische, von denen an die 80 Arten bekannt sind, bilden die Schwestergruppe aller Wirbeltiere. Gegeneinander bewegliche Kiefer wie all die kiefertragenden »Monster«, die in einem früheren Kapitel beschrieben wurden, besitzen sie nicht. Sie fressen alles an Aas, das sie am Meeresgrund vorfinden, und haben eine besondere Technik entwickelt, mit deren Hilfe sie auch ohne Kiefer Nahrungsstücke von ihrer Beute abtrennen können: Die überaus beweglichen Tiere bilden einen Knoten und ziehen dabei den Kopf durch die entstehende Knotenschlinge. So bildet der Körper eine größere und stabilere Fläche, eine Art Widerlager, das es möglich macht, Kraft optimal aufzuwenden und die Beutestücke effektiver abzuraspeln.

Kampf der Titanen in lichtlosen Tiefen: Koloss-Kalmar gegen Pottwal

Wenige Kreaturen haben die Fantasie der Menschen so angeregt wie die verschiedenen Formen der Cephalopoden, der Kopffüßer also. Man denke nur an Jules Verne und sein Buch »20.000 Meilen unter dem Meer«, für das Gustave Doré wunderbare Illustrationen vom Kampf der Menschen mit riesigen Kraken schuf. Ein Fehler, wie wir wissen. Kraken sind Cephalopoden mit acht Armen – und dies sind die Riesen der Tiefsee nicht. Uns interessieren jene Kopffüßer mit zehn Armen, wobei acht relativ kurz sind und zwei um ein Vielfaches länger – sie dienen als Fangarme bei der Jagd und können mit unvermuteter Geschwindigkeit nach vorne geschleudert werden. Zehnarmig sind die in der Regel in Küsten- und Grundnähe lebenden Sepien und die pelagischen und etwas schlankeren Kalmare. Und gerade die interessieren uns hier besonders, denn unter ihnen finden sich wahre Riesen. Sie tragen für die restliche Welt unsichtbare Kämpfe aus, die zu den spektakulärsten auf unserem Planeten zählen ...

In die Arena steigen also die Giganten der Tiefe: Auf der einen Seite der zu den Gallertkalmaren zählende Koloss-Kalmar (*Mesonychoteuthis hamiltoni*), der größte Kopffüßer der Welt, der in den Gewässern der Antarktis lebt. Seine Mantellänge beträgt zwei bis fünf Meter, seine Tentakellänge bis zu acht Meter, er erreicht eine Gesamtlänge von bis zu 14 Metern und einen Augendurchmesser von bis zu 27 Zentimetern.

Auf der anderen Seite des Rings finden wir das größte bezahnte und zugleich das größte räuberisch lebende Tier der Erde, den Pottwal (*Physeter macrocephalus*). Bullen können 20 Meter Länge und über 50 Tonnen Gewicht erreichen. In ihren Mägen hat man Fische gefunden, die in 3.000 Metern Tiefe leben. Männliche Pottwale können damit tiefer tauchen als jedes andere luftatmende Wirbeltier der Welt. Man muss sich einmal vorstellen, was das heißt: Bis zu anderthalb Stunden kann ein Pottwalbulle den Atem anhalten und dabei auch noch sportliche und physiologische Höchstleistungen vollbringen. Was passiert nun, wenn in den dunklen Tiefen Pottwal und Riesenkalmar aufeinandertreffen? Dass Kalmare Pottwale aktiv angreifen, ist unwahrscheinlich. In ihren Mägen wurden bisher vor allem kleinere Artgenossen und Fische gefunden, nie aber Stücke eines Pottwals. Umgekehrt sieht es anders aus: Pottwale ernähren sich vorwiegend von Tintenfischen, was auch der fragil anmutende, schmale Unterkiefer mit seinen manchmal mehr als 20 Zentimeter langen Zähnen andeutet. Doch ist ein Koloss- oder Riesenkalmar keine wehrlose Beute. Häufig auf dem Körper von Pottwalen zu findende runde Narben zeugen von Kämpfen, bei denen der Kalmar sich mit den bis zu 200 bezahnten Saugnäpfen an seinen Tentakeln gegen das Aufgefressenwerden wehrt. Diese Narben führten übrigens zur

Vorstellung, wonach in den Tiefen der See über 60 Meter große Kalmare leben sollen. Tatsächlich haben die Narben manchmal einen enormen Durchmesser, und wenn man von der Größe des Saugnapfes auf die Größe des Tentakelträgers schließt, dann kommt manchmal Erschreckendes dabei heraus. Allerdings: Wahrscheinlicher ist, dass der Träger einer solchen Riesennarbe in jungen Jahren in einen Kampf verwickelt war und die Narben dann im Laufe seines Lebens mit dem Wal gewachsen sind.

Bathypelagial: Im Reich der lichtlosen Tiefsee

Während wir nun noch tiefer hinabsinken, ist es irgendwann selbst mit dem Restlicht definitiv vorbei. Wir sind in der absolut lichtlosen Tiefsee, im Bathypelagial, angekommen. Sie reicht in bis zu 4.000 Meter Tiefe und hier gibt es keinerlei Licht. Dafür aber vielfältige Formen der Leuchtreklame. Ständig blitzen irgendwo geheimnisvolle Lichter auf, um sich im nächsten Augenblick im schwärzesten Schwarz wieder aufzulösen. Woher kommen diese Lichter? Und wozu dienen sie?

Teufelszeug für die Kommunikation

Die biochemische Grundlage für die Lichtspiele der Tiefsee bildet eine Stoffgruppe mit dem Namen Luciferin (Luzifer bedeutet eigentlich Lichtträger) und das dazu passende Enzym Luciferase. Das Wechselspiel der beiden ist dafür verantwortlich – einmal sehr vereinfachend gesagt –, dass Lebewesen Energiequanten in Form kalten, sichtbaren Lichts abgeben können. Wie kompliziert die biochemischen Prozesse dahinter sind, wird schon deutlich, wenn man bedenkt, dass es das eine Luciferin-Luciferase-System, das bei allen leuchtenden Meereslebewesen eingesetzt wird, nicht gibt.

Zwischenzeitlich fand man es in 17 unterschiedlichen Tierstämmen und in mehr als 700 marinen Gattungen von Tieren bzw. Mikroorganismen. Und von Stamm zu Stamm, von Gattung zu Gattung, ist das Luciferin-Luciferase-System spezifisch. Man kann also nicht einfach das Luciferin der einen leuchtenden Spezies nehmen und dann durch Beigabe der Luciferase einer anderen Spezies eine Lichtreaktion auslösen. Biolumineszenz wurde in der Evolution der Tiefseewelt ganz offensichtlich nicht nur einmal erfunden, sondern gleich vielfach in verschiedenen Gruppen von Organismen. Mehr als 30 unabhängige Ursprünge sind heute schon nachgewiesen. Die beteiligten Stoffe – auch wenn sie identische Funktionen erfüllen – haben keine sich völlig entsprechende (homologe) molekulare Struktur. Da wäre das Tetrapyrrol, das Luciferin von Panzergeißlern und vom Krill, das etwa durch das Brechen der Wellen hervorgerufen wird und dann das Meerleuchten bewirkt. Es gibt das Flavin, ein bakterielles Luciferin, das frei lebend im Meer vorkommen kann oder solches, das in speziellen Leuchtorganen leuchtender Tiefseefische als Symbionten gehalten wird (z. B. *Photobacterium*). Solche Leuchtorgane hinter dem Auge hat beispielsweise der Tiefseefisch *Photostomias guernei*. Ein unter Fachleuten berühmtes biolumiinszierendes Bakterium ist auch *Aliivibrio fischeri*. Ein anderes weit verbreitetes Luciferin ist das Coelenterazin, das bei zahlreichen biolumineszenten Meerestieren im Einsatz ist, so bei Nesseltieren (Cnidaria), den ihnen bis zu einem gewissen Grad ähnlichen Rippenquallen (Ctenophora), bei Weichtieren (Molusca), bei den extrem artenreichen Gliederfüßern (Arthropoda; im Meer sind es vor allem Krebse) und bei manchen Stachelhäutern wie Seefedern und bei Chordatieren (Chordata).

Wozu aber dieser ganze Aufwand? Wir sinken mit unserem U-Boot hinab und je dunkler es wird, desto öfter begegnen wir leuchtenden Organismen. Immer wieder blitzen geheimnisvolle Lichter auf, hier und da gibt es ganze Feuerwerke zu sehen. Was soll das alles?

Nun, die Motive für das Leuchten sind unterschiedlich: Die Muschelkrebse *Vargula* beispielweise scheiden eine lumineszierende Flüssigkeit ins Meerwasser aus, wenn sie sich bedroht fühlen. Die Tiere flitzen herum und hinterlassen Leuchtstreifen. Das ist ihr Trick, um nicht von Fressfeinden erwischt zu werden. Während diese der Leuchtspur folgen, ist der Krebs selbst schon ganz woanders. Ein perfektes Verwirrspiel.

Andere Tiere machen mithilfe von Lichtsignalen potenzielle Partner auf sich aufmerksam, denen sie in der endlosen Dunkelheit der Tiefsee sonst kaum begegnen würden. Aber Vorsicht: Wieder andere tun nur so, als suchten sie einen Partner. Sie imitieren verlockende Lichtsignale, sind aber auf Beute aus und haben den romantischen Geist, der ihrem »Werben« folgt, dann tatsächlich zum Fressen gern.

So ist die Partnersuche in den Tiefen des Ozeans alles andere als eine harmlose Angelegenheit – in einer Umgebung, in der es stockdunkel und entsetzlich kalt ist, in der ein enormer Druck herrscht, in dem kaum etwas Essbares aufzutreiben ist, dafür aber überall Feinde lauern, so dass man in der nächsten Sekunde schon im Magen einer anderen Kreatur mit furchtbar langen und spitzen Zähnen landen könnte. Manche haben darum in dieser Hinsicht zu sehr ungewöhnlichen Lösungen gefunden, um sich fortzupflanzen und so den Fortbestand der Art zu sichern.

Ein Problem weniger: Ich beiße mich in meinem Weibchen fest und muss sie in der Dunkelheit nicht mehr suchen

Die pelagischen, also im Freiwasser lebenden Tiefsee-Anglerfische haben so eine besonders originelle und effektive Lösung für das Problem der Partnersuche gefunden. Die Männchen »verbeißen« sich – angelockt durch Pheromone (Botenstoffe) – nach der frei schwimmenden Larvenphase in das wesentlich größere Weibchen, um fortan nur noch einen Lebenssinn zu haben, nämlich den, Spermien zu produzieren und das Weibchen zu befruchten. Der Satz »Bis dass der Tod uns scheidet« erscheint in dieser Ehe überflüssig: Sollte einmal das Weibchen einem Prädator zum Opfer fallen, gehen sie beide ohnehin gemeinsam zugrunde.

Gerade Tiefsee-Anglerfische machen deutlich, dass das Leben in der Tiefsee anders und weniger bunt und vielfältig ist als in den lichtdurchfluteten Zonen. Doch von einem Mangel an Biodiversität kann dennoch keine Rede sein: Etwa 160 Arten in elf verschiedenen Familien sind aus dieser Verwandtschaft in allen Weltmeeren unterhalb von 300 Metern Tiefe bekannt, und im Bathypelagial zwischen 1.000 bis 4.000 Metern Tiefe zählen sie überhaupt zu den artenreichsten Wirbeltiergruppen. Entsprechend groß ist die ökologische Bedeutung im Nahrungsnetz, die sie – und wir sprechen jetzt nur von den Weibchen – als Beutegreifer haben. Einige Arten kommen in allen Ozeanen vor, während andere recht kleine, regionale Verbreitungsgebiete haben.

Allen gleich ist aber die Angewohnheit, mit dem Partner zu verschmelzen, wobei die verschiedenen Andockmechanismen ein wahres biologischen Kuriositätenkabinett der Evolution ergeben: Zwei getrennte Auswüchse von der Spitze des Ober- und Unterkiefers des

Männchens verschmelzen mit der Haut des Weibchens. Die Haut des Weibchens wächst weiter in das männliche Maul hinein und kleidet schließlich den gesamten Schlund aus. Manchmal bildet sich aus dieser Haut ein zylindrischer Stiel, mit dem das Männchen an das weibliche Gewebe festgewachsen ist, oder aber die Köpfe der Männchen – manche Weibchen haben auch mehr als eines – großflächig mit dem Weibchen verschmelzen.

In einigen Familien und Gattungen wachsen Haut und Blutkreislauf der Partner zusammen; die Männchen leben fortan fest mit den Weibchen verbunden. Sie können sich nicht mehr selbständig ernähren, sondern erhalten ihre Nahrung aus dem Blutkreislauf des Weibchens. Dabei geht es ihnen aber offensichtlich gut, denn sie nehmen nach der Hochzeit an Gewicht zu, was ja ein auch in der Menschenwelt nicht so unbekanntes Phänomen ist.

Ab in das Abyssopelagial: Knochenfische schaffen es tiefer

Wir haben mit unserem Erkundungsfahrzeug bei 3.700 Metern die durchschnittliche Meerestiefe erreicht, doch auf mehr als 40 Prozent des Planeten geht es noch tiefer und manchmal sogar noch wesentlich tiefer hinab. Zwischen 4.000 und 6.000 Metern Tiefe queren wir das Abyssopelagial (*ábyssos* bedeutet »bodenlos«). Die Lebensbedingungen hier sind »unmenschlich«: Temperaturen nahe dem Gefrierpunkt, ein Druck von bis zu 600 Bar, Licht gibt es auch schon Tausende Meter höher ohnehin keines mehr und die Nahrung wird immer spärlicher. Hier, am Übergang zwischen dem Abyssal und »der Hölle« (dem Hadal) stoßen wir an die untersten Verbreitungsgrenzen der Fische, wobei wir aber noch einen Unterschied machen müssen zwischen Knorpelfischen (also Haien, Rochen und Chimären) und Knochenfischen (das sind alle anderen).

Wenn man die immer zahlreicheren Studien über die Fischfauna der Tiefsee studiert, fällt auf, dass Knorpelfische noch vor dem Abyssal haltmachen. Einige sind zwar durchaus auf Tiefen bis 3.000 Meter und etwas darunter angepasst, doch gibt es so gut wie keine Nachweise dafür, dass sie die extremen Tiefen des Abyssals oder gar des Hadals als Lebensraum tatsächlich nutzen. Im Atlantik und dem Mittelmeer wurden unterhalb von 2.500 Meter kaum Knorpelfische mehr festgestellt. Den Sechskiemer *Hexanchus* und den Laternenhai *Etmopterus* fand man im Mittelmeer bei 2.490 Metern und bei 3.396 Metern Tiefe. Pelagische Haie – also die Arten des Freiwassers – sind ohnehin nur bis in 1.500 Meter Tiefe zu finden, und dann am ehesten an den Kontinentalhängen in der Nähe des Grundes. Zu den typischsten Tiefseehaien zählen die bereits erwähnten Laternenhaie, von denen wir bis zu 44 Arten kennen. Einige von ihnen haben sich darauf spezialisiert, in große Tiefen bis über 4.000 Meter vorzudringen. Doch die ausgedehnten abyssalen Tiefseeebenen scheinen praktisch frei von Knorpelfischen zu sein, und neuere Studien kommen darum zum Schluss, dass vereinzelte Beobachtungen aus großen Tiefen nur Ausnahmen waren, und die Verbreitungsgrenze für Haie bei etwa 3.000 Metern liegt. Die Hoffnung mancher Fantasten und Kryptozoologen, dass der Urzeithai Megalodon irgendwo in der Tiefsee überlebt haben könnte, können wir damit getrost vergessen. Haien steht vielmehr weit weniger Lebensraum als Knochenfischen zur Verfügung. 70 Prozent des Ozeanvolumens sind praktisch frei von Haien und die Tiefsee als potenzielles Rückzugsgebiet für die in seichteren Gewässern so bedrohten Tiere scheidet aus.

Knochenfische dagegen findet man auch in weit größeren Tiefen und dort auch noch immer in einiger Vielfalt. So konnte im Marianengraben in 8.143 Metern Tiefe ein Scheibenbauch aus der Familie Liparidae beobachtet werden. Das ist insofern interessant, da manche Arten dieser Familie auch unmittelbar an der Küste beispielsweise in Gezeitentümpeln vorkommen. Ich selbst habe sie im Atlantik oft in der Lebensgemeinschaft entdeckt, die sich bei großen Braunalgen bzw. Tangen findet. Nicht wenige Vertreter der 380 Spezies zählenden Familie wurden aber zu Tiefseefischen. Ein japanisches Forschungsteam filmte Gruppen von Scheibenbäuchen in knapp 8.000 Metern Tiefe – und sie waren bei weitem nicht so träge und langsam, wie man es ihnen bis dahin unterstellt hat. In Gruppen und recht agil gingen sie der Nahrungsaufnahme nach, wobei diese Tiefen bis auf Aas nicht mehr viel zu bieten haben. Auch einem britischen Forscherteam gelangen ähnliche Filmaufnahmen in 7.700 Metern Tiefe.

Der hier vorherrschende unvorstellbare Druck von um die 800 Bar stellt Fische in solchen Tiefen vor gewaltige physiologische Probleme. So lange ein Lebewesen sozusagen »flüssigkeitsgefüllt« ist und keine gasgefüllten »Hohlräume« hat, ist es bei einem Druckanstieg halbwegs sicher, denn Flüssigkeiten sind anders als Gase nicht komprimierbar. Bei 800 Bar hydrostatischem Druck geht es den Lebewesen aber im wahrsten Sinn des Wortes an die Substanz, nämlich an die Substanz ihrer Proteine. Und so hat sich die Evolution auch hierbei etwas einfallen lassen: Trimethylamin-N-oxid, abgekürzt TMAO. Dieser Stoff stabilisiert Proteine in Zellen von Fischen gegenüber dem enormen Druck. Der Gehalt an TMAO in Knochenfischen erzählt eine klare Geschichte: In seichten Gewässern finden sich 40 Millimol pro Kilogramm im Gewebe, in 4.850 Metern Tiefe bereits 261. Ein im Kermadecgraben auf 7.000 Metern Tiefe gefangener *Notoliparis*, der zur erwähnten Familie der Scheibenbäuche zählt, brachte es auf 386 Millimol pro Kilogramm TMAO. Doch irgendwann hilft auch dieser Schutzstoff nicht mehr. Unterhalb einer Tiefe von etwa 8.200 Metern können Fische nicht mehr leben, weil TMAO dann das für die Muskelbewegung verantwortliche Myosin destabilisiert. Heißt das, dass das Meer unterhalb von 8.200 Metern ohne Leben ist?

Im Reich der Unterwelt: das Hadal

Die tiefsten Stellen der Meere – die Tiefseegräben – liegen nach Erkenntnissen der Tektonik und Geophysik immer dort, wo die ozeanische Kruste eines Meeres unter eine kontinentale Kruste rutscht. Der Name *hades* ist aus dieser Perspektive gut gewählt, denn bis zur »Hölle« des heißen, zähflüssigen Erdmantels ist es von hier aus nicht mehr weit. Diese Subduktionszonen sind auf Erdbebenkarten sehr deutlich zu erkennen. Hier konzentrieren sich die allermeisten Erdstöße, hier gibt es die meisten Vulkane, was am Pazifischen Feuerring sehr anschaulich wird. 33 Tiefseegräben sind bekannt, davon liegen 27 in Subduktionszonen, und zusätzlich gibt es 13 tiefe »Mulden«. Das ergibt insgesamt also 46 hadale Lebensräume, die mit Tiefen zwischen 6.000 und 11.000 Metern Lebensbedingungen bieten, die zu den extremsten auf unserem Planeten gehören. Und doch bieten sie eben das: Lebensbedingungen.

Wir haben bereits gehört, dass Fische irgendwo unterhalb von 8.000 Metern nicht mehr vorkommen. Kein luftatmendes Wirbeltier kann in solche Tiefen vordringen. Was im Hadal an »tierischem« Leben erscheint, ist daher entweder wirbellos oder gehört zu den Mikroben.

Die mikrobielle Aktivität im Marianengraben ist deutlich höher als bisher angenommen, was neueste Studien belegen. Forscher schließen daraus, dass in diesem Meeresgraben viel organisches Material aus absinkenden Kadavern oder Algenresten als Nahrung für die Mikroben zur Verfügung stehen müsse. Normalerweise aber nimmt die Menge des organischen Materials mit zunehmender Wassertiefe ab, und daher vermutet man, dass sich dieses Material bei Erdbeben aus seichteren Gebieten löst und dann in den Graben rutscht. Doch bleibt es nicht bei Mikroben allein: Auch bestimmte Schwämme und Nesseltiere wie Anemonen und Quallen finden hier ein Auskommen, ebenso Borstenwürmer, Muscheln und Schnecken, verschiedenste Krebstiere wie Asseln und Garnelen und auch Stachelhäuter, unter denen die Seegurken am häufigsten sind.

Das Paralleluniversum der tiefen Biosphäre: Tiefer geht es nicht mehr – oder doch?

So ist auch auf dem Boden des tiefsten Ozeans noch Leben zu finden und, was noch verblüffender ist: Es geht sogar noch tiefer. Forscher haben das Sediment des Ozeans als dunkle Parallelwelt freigelegt, als ein seltsames Schattenreich, das kein Lichtstrahl je erreicht und das sich dennoch als einer der größten Lebensräume der Welt erweist. Ein nahezu unerforschter Lebensraum, den die Wissenschaft die tiefe Biosphäre nennt. Winzige Wesen zwängen sich hier durch enge Poren und ernähren sich von Gestein. Hier hat man Bakterien gefunden, die aus mehr als zehn Millionen Jahre alten Sedimentschichten stammen und die in Petrischalen auf wundersame Weise wieder zum Leben erwachen. Woher die Mikroben in der tiefen Biosphäre kommen, ist dabei noch Gegenstand wissenschaftlicher Dispute. Vielleicht wurden sie vor

Tausenden oder Millionen von Jahren von ihren Vettern aus der Oberwelt abgeschnitten? Oder aber sie sind gleich in den Gesteinen entstanden?

Vieles von dem, was wir in der tiefen Biosphäre beobachten, stellt auf den Kopf, was wir zu wissen glaubten: Da gibt es offenbar genügsame Mikroben, deren Stoffwechsel bis zu 10.000-mal langsamer ist als bei ihren oberirdischen Verwandten. Da gibt es möglicherweise Zellen, die Millionen Jahre alt sein könnten und die sich nur alle 100 bis 1.000 Jahre teilen. Ein Leben und eine Evolution in Zeitlupe. Über 30 Prozent der globalen mikrobiellen Biomasse könnte in der tiefen Biosphäre stecken, so eine aktuelle und realistische Schätzung. Ein Drittel – das ist in Anbetracht des unvorstellbaren Volumens der Ozeane wirklich verblüffend.

Wie tief diese tiefe Biosphäre reicht, lässt sich vorerst nicht vereinfacht beantworten. Die ozeanische Kruste ist von Rissen durchzogen, durch die heißes Wasser strömen kann, alles wunderbare Lebensräume für Mikroben. Spekulationen vermuten eine Stärke von vielen Kilometern, doch wirklich bewiesen ist Leben nur bis zu einer Tiefe von zwei Kilometern unter dem Meeresgrund. Der limitierende Faktor im Blick auf die Besiedlungsmöglichkeit durch Mikroben ist die Temperatur und nicht der Sauerstoffmangel, mit dem anaerobe Organismen leicht klarkommen. Bei über 130 Grad Celsius steigen selbst die widerstandsfähigsten Mikroben aus, da ihre Proteine zerstört werden. Heute weiß man auch, dass in dieser Unterwelt neben Bakterien, Viren und Archaeen, d.h. urtümlichen einzelligen Organismen ohne Zellkern (Prokaryoten), gerade auch Pilze eine Schlüsselrolle spielen. »Die Präsenz von Pilzen im Basalt vom Ozeanboden widerlegt das gegenwärtige Verständnis der tiefen Biosphäre«, sagte Magnus Ivarsson, ein

Experte auf diesem Gebiet. »Man dachte, hier können nur Bakterien und Archaeen gedeihen – das war ein Irrtum.« Die Rolle der Pilze wurde völlig übersehen, davon sind auch andere Wissenschaftler überzeugt. Zumindest einige von ihnen sind nicht auf Sauerstoff angewiesen. Außerdem können Pilze auch parasitisch sein und lebende Mikroben befallen.

Im Sommer 2017 fand sich dann auch eine wirklich unglaubliche Meldung in den Medien: Japanische Bohrungen aus 2,5 Kilometern Tiefe brachten in den Proben Sporen von 69 unterschiedlichen Pilzarten zutage, allesamt landlebende Arten. Als das Forscherteam um Fumio Inagaki die geborgenen Pilzsporen im Labor einer Nährlösung aussetzte, begann einer von ihnen auszutreiben und zu einem rund einen Zentimeter großen Pilz heranzuwachsen. Sie können sich die Verblüffung der Wissenschaftler vorstellen: Wie konnten diese Pilzsporen über 20 Millionen Jahre unter widrigsten Umständen überleben? Wahrlich, ein wissenschaftliches Rätsel. Pilze sind wie Tiere und Pflanzen Eukaryoten – »höhere« Lebewesen mit Zellkern. Wenn sie in der tiefen Biosphäre überleben, schaffen Tiere das womöglich auch? Tatsächlich stießen italienische Forscher in den tiefen Sedimentschichten auf die weniger als einen Millimeter großen Loricifera, einen geheimnisvollen Tierstamm, an den Körnchen des Sediments festhaftende Winzlinge, die auf Deutsch Korsetttierchen genannt werden. Sie wurden erst in den 1970ern entdeckt und 1983 wissenschaftlich beschrieben. Bis heute wurden etwa 100 Arten bekannt. Trotz intensiver Forschung wird ihre Lebensweise bisher nur wenig verstanden. Einzigartig im Tierreich ist, dass sie scheinbar selbst in sauerstofffreien Sedimenten überleben können, und das ihr ganzes Leben lang. Statt Mitochondrien für die sauerstoffabhängige Zellatmung verfügen sie über andere Zellorganellen, die es ihnen möglich machen, mithilfe von Schwefelwasserstoffen Energie zu gewinnen. Unter den vielzelligen Tieren erwartet man auch Fadenwürmer (Nematoden) unter den Bewohnern der tiefen Biosphäre. Auf die Forscher wartet also noch viel Arbeit in einem sehr schwer zugänglichen Lebensraum.

Manche Forscher vermuten sogar, dass die Entstehung des Lebens im Gestein und somit in der tiefen Biosphäre ihren Anfang nahm. Hier waren die Lebensbedingungen auf jeden Fall stabiler und freundlicher als an der Oberfläche der jungen Erde mit dem ständigen Meteoritenhagel, den Vulkanausbrüchen und der kosmischen Strahlung. Und – so die Überlegung des britischen Astrobiologen Jack O'Malley James: Wenn sich in ein paar Milliarden Jahren unsere Sonne zu einem roten Riesen aufgebläht hat und das Leben vom Antlitz der Erde verschwunden ist, wird die tiefe Biosphäre das allerletzte Refugium für das irdische Leben bleiben. Dann würde sich das Ende dort abspielen, wo auch der Anfang war.

Unser Dreck hat längst die entlegensten Punkte der Erde erreicht

Den Mond, so haben wir am Anfang dieses Kapitels festgestellt, haben viermal mehr Menschen erreicht als die tiefsten Stellen des Ozeans. Dennoch hat das zerstörerische Handeln des Menschen längst auch bis in die Tiefsee gewirkt. Denn alles, was wir ins Meer kippen oder leiten, landet irgendwann am Meeresgrund. Ozeanologen der University of Aberdeen haben erst kürzlich festgestellt, dass selbst die Organismen der tiefsten Tiefsee mittlerweile im erschreckenden Ausmaß mit langlebigen organischen Schadstoffen vollgepumpt sind. Die Konzentrationen sind so hoch, wie sie sonst nur in der Nähe von Industriegebieten üblich sind. Im Marianengraben fanden sich PCB-Konzentrationen, die 50-mal höher lagen als jene in Krabben von bestimmten Reisfeldern in China. Diese Anbauflächen beziehen ihr Wasser von einem der am stärksten verschmutzen Flüsse Chinas, dem Liao he.

In Krebstieren fand man Stoffe, die seit den 1970ern verboten sind. Einmal in das endlose System des Ozeans eingeimpft, bekommen wir sie dort nicht mehr heraus. Ja, die Tiefsee ist vielleicht schwerer zu erreichen als der Mond, dennoch haben wir in ihr weit mehr Spuren hinterlassen als auf der Oberfläche des Erdtrabanten.

MÖNCHSROBBE, NAPFSCHNECKE ODER DELFIN GEFÄLLIG?

Frutti di Mare vom Neandertaler bis in die Gegenwart

Darf ich Meeresfrüchte essen?

Frage aus »*Gewissensbisse*« in ZEIT-online

Die Abfälle unserer angeblich so hochentwickelten Zivilisation, die auf grenzenloses Wachstum und unersättlichen Konsum setzt, haben die tiefsten Tiefen des Ozeans erreicht. Das ist erschreckend. Es zeigt einmal mehr, wie brutal wir uns die »Erde untertan« machen und wie gedankenlos wir uns als außerhalb des Netzwerks allen Lebens stehend sehen. Aber das sind wir nicht. Wir sind Teil dieses Netzwerkes und es zu zerstören bedeutet, uns selbst die Lebensgrundlagen zu entziehen. Der Film »Jahr 2022 – die überleben wollen« mit Charlton Heston in der Hauptrolle machte dies schon im Jahr 1973 eindrücklich deutlich: Auf der Erde gibt es kaum noch die Möglichkeit, Nahrungsmittel zu produzieren. Aber den Menschen wird weisgemacht, dass das Meer nach wie vor intakt ist und es hier Nahrung in Hülle und Fülle gibt. Grüne Kekse sind es, die die Menschen kaufen können und die angeblich aus einem nicht erschöpfbaren Rohstoff, den Meeresalgen, produziert werden. Die Wahrheit, die der Held der Geschichte enthüllt, ist: Das Meer ist ebenso tot wie die Natur auf dem Festland. Die Kekse werden aus Toten gemacht …

Tatsächlich gab es lange den Mythos von der Unerschöpflichkeit des Ozeans. Kein Wunder: Schon von Beginn der Menschheitsentwicklung an waren seine geheimnisvollen Tiefen ja nicht nur Quelle von allerlei Spukgeschichten über Ungeheuer und Monster gewesen, es hatte auch von seinem scheinbar unermesslichen Reichtum an Leben Lebensmittel zur Verfügung gestellt.

Und die Küsten, das waren sozusagen die »Autobahnen« der frühen Migration und der Verbreitung der Menschen über die Welt: Genetiker der Universitäten Leeds und Glasgow haben Hinweise darauf gefunden, dass unsere Vorfahren entlang des Roten Meeres und des Indischen Ozeans nach Asien vorgedrungen sein könnten. Und gefunden haben sie diesen Weg möglicherweise, weil er ihnen eine gezielte Ausbeutung von Ressourcen aus dem Meer ermöglichte. An der Küste von Eritrea soll sich vor rund 125.000 Jahren eine Bevölkerung angesiedelt haben, für die Meeresfrüchte einen wesentlichen Bestandteil ihrer Nahrung darstellten. Als in der Folge eines Wandels der klimatischen Verhältnisse die marinen Ressourcen im Roten Meer zurückgingen, begannen diese Menschen eine Wanderung, die sie innerhalb relativ kurzer Zeit bis nach Südasien geführt hat. Erst später wurde dann Europa erobert.

Seafood für den Neandertaler

Und auch die Menschen dort hatten Appetit auf das, was das Meer ihnen bot. In der Bajondillo-Höhle im Südosten Spaniens, die seit 1989 intensiv archäologisch erforscht wird, fand man die bisher ältesten Belege für den Verzehr von Meeresschnecken und Muscheln in Europa. Die ungefähr 30 Meter lange Höhle liegt 250 Meter von der heutigen Küstenlinie entfernt und 15 Meter über dem heutigen mittleren Meeresspiegel. Die 20 archäologischen Fundhorizonte wurden nicht durch marine Ablagerungen, sondern durch Neandertaler und Cro-Magnon-Menschen geprägt. Mehr als 140.000 Jahre menschlichen Lebens, Wohnens und Essens sind in diesen Schichten verewigt. Man fand bearbeiteten Feuerstein, Steinwerkzeuge, Holzkohle, Knochenreste und eben diverse Schalen von Muscheln und Schnecken.

Noch weitreichendere Schlüsse über die kulinarischen Vorlieben des Neandertalers können wir aus Funden ziehen, die in der küstennahen Vanguard-Höhle und in der Gorham-Höhle in Gibraltar gemacht wurden. Bereits 1848 wurde im Kalksteinbruch Forbes Quarry bei Gibraltar ein relativ gut erhaltener Neandertalerschädel entdeckt. 160 Jahre später wissen wir genau, dass die Menschen damals die Ressourcen des Meeres intensiv nutzten und sich in einem beträchtlichen Ausmaß von Meerestieren ernährten. Wie die Paläontologin Yolanda Fernandez-Jalvo vom Spanischen Naturkundemuseum in Madrid zeigen konnte, haben die hier vor rund 32.000 Jahren lebenden Neandertaler nicht nur Fisch, sondern auch diverse Meeresfrüchte und sogar Mönchsrobben, Delfine und Meeresschildkröten gegessen. Manche der in den Höhlen gefundenen Knochen zeigen typische Spuren ihrer Steinwerkzeuge, und vieles deutet darauf hin, dass die Neandertaler die saisonalen Veränderungen der Fauna gut kannten und für sich nutzten. Die Knochen von Mönchrobben stammten beispielsweise vor allem von Jungtieren, die sich leichter erbeuten ließen als erwachsene Tiere. Offenbar patrouillierten die Jäger der Neandertalergruppen regelmäßig den Strand entlang, um nach gestrandeten Delfinen und Jungrobben Ausschau zu halten. Im Laufe von Zehntausenden von Jahren werden sie auch zu ausgezeichneten Naturkennern geworden sein, die sowohl das Verhalten ihrer Beutetiere als auch die Zyklen des Ozeans bestens kannten.

Entsprechend vielfältig ist das Angebot, das nach den gefundenen sterblichen Überreste im Seafood-Restaurant der Neandertaler auf den Tisch kam: *Delphinus delphis* (Gemeiner Delfin), *Tursiops truncatus* (Großer Tümmler), *Monachus monachus* (Mönchsrobbe), *Diplodus sargus* (Geißbrassen) und *D. vulgaris* (Zweibindenbrasse). Verschiedenste Mollusken ergänzten das Menü, etwa *Mytilus*, die Miesmuscheln, die wir auch heute noch gerne verspeisen, ebenso wie *Ostrea* (Austern) oder *Pecten* (Jakobsmuscheln). Auch Seepocken der Gattung *Balanus* standen auf dem Speisezettel der Höhlenbewohner, daneben wurden Seevögel erbeutet und wahrscheinlich auch deren Eier gegessen.

Es war *Homo sapiens*, der den Niedergang der Natur einleitete

Der Neandertaler starb aus, und obwohl er alles Essbare bejagte und verzehrte, schädigte er seine Umwelt nicht nachhaltig. Dafür brauchte es einen Hominiden von einem ganz anderen Kaliber: *Homo sapiens*. Er hinterließ in den letzten 30.000 Jahren im Mittelmeergebiet immer mehr Spuren und sein Einfluss auf die mediterrane Umwelt wurde in dieser Zeit immer stärker.

Dies zeigt sich z.B. an der berühmten Cosquer-Grotte südöstlich von Marseille, die Henri Cosquer 1985 entdeckte und an der man auch die massiven Veränderungen des Meeresspiegels im Laufe der Jahrtausende ablesen kann: Heute liegt der Eingang zur Cosquer-Grotte 37 Meter unter dem Meeresspiegel. Zum Ende der Würm-Kaltzeit lag er etwa 11 Kilometer von der Küste entfernt in etwa 80 Metern Höhe. Zwar ist der Eingang zur Grotte heute überflutet, doch haben sich in einem höher gelegenen trockenen Höhlenraum etwa 19.000 bis 27.000 Jahre alte Höhlenmalereien und -zeichnungen erhalten. Sie zeigen Fische, Robben, Steinböcke, Meeresvögel und viele andere Arten, die deutlich machen, wie wichtig diese Land- und Meerestiere für die damaligen Menschen waren.

Zu Beginn der Jungsteinzeit gaben die Menschen im Mittelmeerraum ihre nomadische Lebensweise teilweise auf. Im Zuge dieser »Neolithischen Revolution« begannen sie damit, feste Siedlungsplätze einzurichten, Ackerbau und Viehzucht sowie Vorratshaltung zu betreiben. Am Mittelmeer waren die Voraussetzungen dafür besonders günstig. Es überrascht daher nicht, dass in diesem Raum die bisher älteste bekannte Stadt der Welt liegt, nämlich Jericho im heutigen Israel, und sich hier erste Hochkulturen entwickelten. Die Siedlungsspuren der Stadt Jericho gehen bis in das 10. Jahrtausend v. Chr. zurück, eine Stadtmauer ist ab etwa 8.000 v. Chr. belegt. Die ersten Hochkulturen am Nil, im östlichen Mittelmeerraum und auf Kreta entstanden vor etwa 5.000 Jahren. Und schon damals wurde der Same des Niedergangs der Natur in der Mittelmeerregion gelegt, dessen Entfaltung wir heute beobachten können.

Dioskurides und die Meeresfrüchte in der Antike

In der klassischen Antike erreichten viele Kulturleistungen der Menschen einen vorläufigen Höhepunkt, und so verwundert es nicht, dass sich im Mittelmeerraum eine breit gefächerte Nutzung des Meeres entwickelte. Dabei ging es aber um weit mehr als nur um Nahrung. Das Weltbild der Menschen damals und ihr Denken waren zutiefst mythologisch geprägt und mit der Umwelt verwoben, in der sie lebten. Im Meer wohnten manche ihrer Götter, Meerestiere treten in ihrer Mythologie überall auf und Spuren dieser kulturellen

Momente finden wir bis hinein in die Wirklichkeit unserer Tage. Einen Einblick darin, welche Bedeutung die Früchte des Meeres in der Antike hatten, liefern uns die fünf Bücher »De materia medica« (Über die heilenden Substanzen) von Pedanios Dioskurides aus dem 1. Jh. nach Chr. Diese Textsammlungen über die Wirkung von verschiedensten Substanzen, die zu Heilzwecken verwendet wurden, bietet für Liebhaber des Mittelmeeres eine lesenswerte Lektüre, obwohl die beschriebenen Anwendungen freilich aus heutiger Sicht nicht mehr zur Nachahmung empfohlen werden können, einige Rezepte gegen Artenschutzbestimmungen verstoßen oder gar ausgesprochen schädlich sein könnten. Hier einige Beispiele: Der Seeigel ist dem Magen und Bauche bekömmlich sowie harntreibend. Seine Schale, roh gedörrt, wird mit Vorteil den Salben, welche für die Krätze passen, zugemischt; gebrannt aber reinigt sie die schmutzigen Wunden und hält die Fleischwucherungen zurück. Das Seepferdchen ist ein kleines Seetierchen, dessen Asche in Teer, Schmalz oder Majoransalbe aufgenommen und eingerieben gegen Kahlköpfigkeit hilft. Die gebrannte Purpurschnecke hat die Kraft, auszutrocknen, die Zähne zu glätten, Fleischwucherungen zurückzuhalten, Geschwüre zu reinigen und Vernarbung zu bewirken. Der Deckel der Purpurschnecke mit Öl gekocht und eingestrichen, schützt die Haare vor dem Ausfallen, mit Essig getrunken beseitigt er Leberanschwellung. Als Räucherung richtet er die durch Krämpfe bedrückte Gebärmutter auf und treibt die Nachgeburt aus. Dasselbe leisten die gebrannten Trompetenschnecken (*Tritonshorn*), sie sind noch viel ätzender. Wenn man sie, angefüllt mit Salz, in einem rohen Topfe brennt, so geben sie ein gutes Mittel ab zum Putzen der Zähne.

Die besten Miesmuscheln sind die pontischen. Gebrannt leisten sie dasselbe wie die Tritonshörner. Ganz besonders aber eignen sie sich gewaschen wie Blei mit Honig zu Augenmitteln, da sie Verdickungen der Augenlider erweichen und weiße Flecken sowie anderweitige Verdunkelungen auf der Pupille wegnehmen. Ihr Fleisch wird mit Erfolg gegen Hundsbisse aufgelegt. Die Plattmuscheln sind frisch gut für den Bauch, am besten aber das aus ihnen bereitete Gericht. Gesalzen aber gebrannt und fein zerrieben mit Zedernharz aufgetröpfelt, lassen sie die ausgezogenen Haare der Augenlider nicht wieder wachsen. Auch die von den Cheinmuscheln, sowie von den anderen Muscheln mit etwas Wasser gekochte Suppe regt den Bauch an; sie wird aber mit Wein genommen. Onyx ist der Deckel einer Muschel, ähnlich dem der Purpurschnecke. Den Vorzug hat die vom Rothen Meere bezogene, welche weißlich und fett ist. Die babylonische ist dunkel und kleiner; beide aber sind, als Rauchwerk angezündet, wohlriechend, in etwa den Geruch nach Bibergeil von sich gebend. Diese, als Räucherung verwandt, ermuntern die von Mutterkrämpfen und Epilepsie Befallenen. Genossen erweichen sie den Bauch. Die Muschel selbst dann gebrannt leistet dasselbe wie die Purpur- und Kinkhornschnecke.

Die Galle des Seeskorpions *(Cottus scorpius)* ist ein geeignetes Mittel bei Blutunterlaufung der Augen, bei Leukom und Stumpfsichtigkeit. Der Meerdrache (*Trachinus draco – Petermännchen*) gespalten und aufgelegt ist ein Heilmittel für die durch seine Stacheln verursachte Wunde. Der Meerskolopender (*Aphrodite, Seemaus, ein Borstenwurm*) in Öl gekocht und damit eingesalbt entfernt die Haare; bei der Berührung erregt er Jucken. Der Meerzitterrochen *(Torpedo)* als Umschlag bei chronischen Kopfleiden lindert die Heftigkeit des

Schmerzes; auch verhindert er das Austreten oder Vorfallen des Mastdarmes. Der Meerhase (*Aplysia depilans, Seehase*) gleicht einem kleinen Tintenfische. Er hat die Kraft, fein zerrieben für sich allein oder mit der Pillennessel die Haare zu entfernen (*die Legende, dass die Schnecke Haare entfernen kann, hielt sich unter Fischern noch sehr lange*).

Der Stachel des Meerstechrochens, welcher aus dem Schwanze herauswächst und den Schuppen sich entgegenwendet, lindert Zahnschmerzen; denn er zertrümmert sie (*die Zähne*) und wirft sie hinaus. Die schwarze Masse des gekochten Tintenfisches *(Sepia officinalis)* ist getrunken schwer verdaulich, sie erweicht den Bauch. Seine Schale, zu Kollyrien geformt, eignet sich zum Einreiben rauer Augenlider. Gebrannt in seiner eigenen Schale, bis das Blätterige davon abfällt, entfernt er, fein gerieben, weiße Flecken, Grind, Finnen und Sonnenbrandflecken. Gewaschen wird er auch den Augenmitteln zugemischt. Eingeblasen wirkt er ferner gegen Leukom der Haustiere, er entfernt auch das durch Karbunkel im Auge entstehende Fell (*Flügelfell*), wenn er mit Salz fein gerieben und angewandt wird.

Die fortgesetzt genossene Seebarbe *(Mullus)* soll im Stande sein, Stumpfsichtigkeit zu bewirken. Roh gespalten und aufgelegt heilt sie die Bisse des Meerdrachens, des Skorpions und der Spinne. Auch der gebrannte, fein gestoßene Kopf der Mäna *(Sparus)* entfernt, aufgestreut, schwielig gewordene Schrunden um After. Die Salzbrühe davon heilt als Mundspülwasser faulige Geschwüre im Munde. Wenn man den frischen Gobion *(Cottus gobio)* in einen Schweinemagen gibt und zusammennäht, dann mit 12 Xestes Wasser bis auf 2 Xestes einkocht, durchseiht, unter freiem Himmel abkühlt und zum Tranke reicht, so wird man den Bauch ohne Beschwerden nach unten reinigen. Als Umschlag hilft er denen, die von Hunden oder Schlangen gebissen sind.

Die sogenannte rohe Pökelung ist das Fleisch des eingesalzenen Thunfisches *Thynnus thynnus*. Genossen hilft sie denen, welche von der Viper, die Prester genannt wird, gebissen sind. Man muss möglichst viel Wein herbeiholen und sie zwingen, viel zu trinken und zu erbrechen. Am besten eignet sie sich für das Genießen scharfer Speisen. Mit Erfolg wird sie auch bei den vom Hunde Gebissenen als Kataplasma angewandt. Alles Garum (*Fischlake*), aus gesalzenen Fischen und Fleisch bestehend, hält als Umschlag fressende Geschwüre auf und heilt Hundsbisse; als Injection dient es auch den an Dysenterie und Ischias Leidenden, jenen, um die Geschwüre zu lindern und zu beseitigen, diesen, da keine Geschwüre vorhanden sind, um zu reizen.

Vom Sprechzimmer in die Küche

Aber nicht nur in der Medizin der Antike spielten, wie wir gesehen haben, Meeresfrüchte und Meerestiere eine große Rolle. Natürlich wurden sie auch gegessen und in dieser Hinsicht gab es im an Bizarrem so reichen Rom sehr merkwürdige Phänomene. Es gab nicht nur Zuchtteiche für Fische und Austern, die in der luxusliebenden Oberschicht Roms im 1. und 2. Jh. n. Chr. äußerst beliebt waren. Nach Plinius soll Licinius Murena – man beachte den Cognomen »Muräne« – um 100 v. Chr. als Erster ein *piscium vivaria* für Meeresfische und Lucilius Hirrus die Muränenteiche erfunden haben. Hirrus züchtete diese Tiere im großen Stil, denn für ein Triumphbankett Caesars lieferte er angeblich 6.000 *murenae*. Das lateinische Wort *murena* bzw. *morena* wurde dabei vermutlich als Oberbegriff für Aalartige *(Anguilliformes)* verwendet, Meeraale und Muränen. Apicius überliefert in seinem Kochbuch einige Saucenrezepte für gegrillte und gekochte *morenae* mit Pfeffer, Honig, Zwiebel, Liquamen und weiteren Zutaten. Die vortrefflichsten *murenae* sollen aus Sizilien und dem heutigen Reggio di Calabria geliefert worden sein. *Murenae*, die sich nach dem antiken Volksglauben an Land mit Schlangen begatteten, waren zur Römerzeit »Modefische«. Prominente Römer sollen ein geradezu emotionales Verhältnis zu ihnen gepflegt haben. Hortensius etwa (114 – 50 v. Chr.), einer der angesehensten Redner seiner Zeit, mochte in seiner Villa am Golf von Neapel in Bauli, dem heutigen Bacoli, seine Meeresfische so sehr, dass er für Varro, als der bei ihm zu Gast war, am Markt Fische kaufen ließ, anstatt seine eigenen zu servieren. Eine seiner Muränen liebte er besonders. Als sie starb, soll Hortensius geweint haben. Antonia Minor (36 v. – 37 n. Chr.), die Mutter des Kaisers Claudius, kaufte später die Villa des Hortensius und schmückte eine ihrer liebsten Muränen mit Ohrringen. Vom schwerreichen Konsul Crassus (115 – 53 v. Chr.), Sieger über Spartakus, berichtet Älian die folgenden, viel zitierten Begebenheiten: »Gerühmt wird die Muräne des Römers Crassus, die Ohrringe und steinbesetzte Halsbänder trug wie ein schönes Mädchen. Wenn Crassus sie rief, erkannte sie seine Stimme und kam herangeschwommen. Wenn er ihr etwas gab, nahm sie es gerne und bereitwillig an und fraß es. Als sie starb, wurde sie von Crassus, wie ich höre, beweint und begraben. Als Domitius ihm einmal sagte: ›Du Dummkopf, du hast eine tote Muräne betrauert‹, antwortete er: ›Ich habe ein Tier beweint. Du aber hast drei Frauen begraben, ohne zu weinen.‹«

Die männliche Gier nach Potenz

Nun, vielleicht hätten diese Frauen Domitius auch keine Träne nachgeweint, wer weiß. Im Geschlechterverhältnis haben aber auch Meerestiere immer wieder in delikater Weise eine Rolle gespielt. Der Verzehr der Gonaden (Geschlechtsdrüsen) von Tieren war und ist häufig immer noch mit der Erwartung verbunden, diese Diät könne die männliche Potenz verbessern. Im Mittelmeerraum weit verbreitet ist der Verzehr von mit Zitronensaft beträufelten rohen Gonaden von Seeigeln, vor allem jener des Steinseeigels und des Schwarzen Seeigels. Ihr Fang ist in manchen Regionen bereits Einschränkungen unterworfen. In Südfrankreich, Italien, Dalmatien und vielen anderen Regionen ist der Verzehr von Seescheiden verbreitet. Große Mikrokosmos (das sind bis zur Unkenntlichkeit bewachsene, auf den Felsen festsitzende Seescheiden) werden z.B. auf Fischmärkten in Marseille verkauft, was ihre Bestände vielerorts stark dezimierte. Dort ist *Microcosmus* als *violet* bekannt. Man unterscheidet zwischen *violet de roche*, die auf Hartgrund wachsen und eher tauchend erbeutet werden können, und *violet de sable*, die auf Weichgrund vorkommen. Diese Art lebt tiefer und wird mit einer Art Dredsche gefischt. Seescheiden werden »nebenbei« von Fischern, meist in kleinen Familienbetrieben, auf den Markt gebracht. Für nicht Eingeweihte sieht ein Haufen abgeernteter Mikrokosmos ziemlich unappetitlich und kaum nach einer Delikatesse aus. Nicht so für die Bewohner der Region, die sie sehr schätzen. Ihre Wirksamkeit als Aphrodisiakum wurde allerdings nie wissenschaftlich nachgewiesen.

Algen und Seeanemonen gefällig?

Algen sind bekanntlich in Süd- und Ostasien und vor allem in Japan begehrte Bestandteile einer maritimen

Ernährung. Aber auch im Mittelmeerraum landeten und landen Algen auf dem Teller, so z. B. *Enteromorpha* und *Ulva rigida,* Grünalgen, die als *latuccia di mare*, als »Meersalat«, in Italien und auf Istrien roh gegessen werden.

Seeanemonen dagegen waren auf den Speisezetteln am Mittelmeer immer eher die Ausnahme. In einigen Ländern kann man sie gelegentlich auf Fischmärkten finden, darunter *Anemonia viridis* (die Wachsrose, eine häufige mediterrane Anemone) und *Actinia equina*. Ein Rezept zur Zubereitung von »Meertomaten« findet man bereits in der Tierkunde des Aristoteles. Heute werden sie roh oder gebacken gegessen. Auch große Schirmquallen – vor allem die kaum nesselnden Wurzelmundquallen *Cotylorhiza tuberculata* und *Rhizostoma pulmo* – wurden gelegentlich in Scheiben geschnitten und paniert gegessen.

Sepiatinte war nicht nur ein begehrter Farbstoff aus dem Meer, sondern fand auch in der Küche reichlich Verwendung. In Spanien werden Kalmare unter dem baskischen Namen *txipirón* oft *en su tinta* zubereitet. In Italien und in anderen Regionen des Mittelmeeres sind *risotto* oder *spaghetti al nero di seppia* beliebt. An den Atlantikküsten Portugals und vor allem auf den Azoren werden große Seepocken wie etwa *Pollicipes* gegessen. Meerbarben der Gattung *Mullus* sind im Mittelmeerraum wegen ihres feinen Geschmacks sehr begehrt. Schon die alten Römer haben sie als *Aliter ius in mullos assos* geschätzt. Nach Berichten aus dem 19. Jahrhundert haben sizilianische Fischer den feinen Geschmack der Meerbarben auf Saugwürmer (Trematoden) zurückgeführt. Sie holten sich angeblich den parasitischen Wurm als Leckerbissen aus dem Fisch heraus und nannten ihn *maccaroni piatti* (flache Maccaroni). Von Sizilien aus soll diese »Spezialität« auch andere mediterrane Küsten erreicht haben. Allerdings sind die zu dieser Gruppe gehörenden Darmparasiten tatsächlich nur millimetergroß und man muss bezweifeln, ob sie tatsächlich als Makkaroniwürmer taugen; vielleicht handelte es sich beim kulinarisch angeblich reizvollen Wurm um eine andere, größere Wurmart. In Südchina, Malaysia und auf den Karolinen werden auch Spritzwürmer (Sipunculiden) gegessen. Diese mit bis zu 200 Arten relativ kleine, rein marine Organismengruppe kommt in allen Meeren zwischen dem Litoralbereich, also der Küstenregion, und der Tiefsee vor. Ihr nicht segmentierter, schlauch- bis walzenförmiger Körper ist im vorderen Teil schlank, hinten aber dicker. Zum Verzehr geeignet – zumindest nach asiatischem Geschmack – sind große Exemplare von *Sipunculus*, *Siphonosoma* und *Phascolosoma*, die 50 Zentimeter lang werden und 2,5 Zentimeter im Durchmesser haben. Spritzwürmer wurden aber schon vor mehr als 200 Jahren auch in Europa für essbar gehalten. Peter Simon Pallas (1741 – 1811) nannte 1774 einen der ersten wissenschaftlich beschriebenen Spritzwürmer *Lumbricus edulis*; *edulis* bedeutet essbar. Im Mittelmeerraum war allerdings der Verzehr von Spritzwürmern nie weit verbreitet. Die hier vorkommenden Arten sind eher klein und eignen sich eher als Angelköder denn als Delikatesse für den Menschen.

In Dalmatien wurde die häufige Seegurke *Holothuria tubulosa* gerne in Stücke geschnitten und gebraten verzehrt. In Spanien wiederum erfreut sich von Katalonien ausgehend die Seegurke *Stichopus regalis* zunehmender Beliebtheit. Die Königsholothurie wird hier *espardenyes* genannt, was so etwas wie »Hausschuh« bedeutet. Vor einigen Jahren noch wurden Seegurken – die in Südostasien als *trepang* ein traditionsreiches Gericht sind – nur in wenigen Regionen an der nördlichen spanischen Atlantikküste angeboten. In der Zwischenzeit findet man sie auf den Speisekarten vornehmer Restaurants, wobei der Preis, wie schon der Name dieser Holothurie, königlich ist: Zwischen 18 und 40 Euro für eine Portion, die einen Hungrigen kaum satt macht kann. Die zum Verzehr geeigneten Teile sind die fünf Längsmuskeln, die mit Knoblauch und Petersilie gewürzt meist gebraten werden. Die rege Nachfrage nach Königsholothurien hat ihre Bestände bereits merklich reduziert und die Preise nach oben getrieben. Während die Fischer früher in jedem Fang 40, 70 oder mehr Seegurken fanden, sind sie heute glücklich, zehn oder 20 zu erbeuten. Übrigens hat der Seegurken-Hype auch schon Deutschland erreicht: Ein deutscher Spitzenkoch serviert »Carpier-Lachs mit safranisiertem Bouillabaisse-Gelee, stachelhäutiger Seegurke mit Sauce von Räucherpaprika auf Olivenöl-Ofenkartoffeln«.

Hákarl, das allerschlechteste, ekligste und schrecklich schmeckendste Gericht

Ist die Seegurke nun ein Edelgericht oder einfach nur eklig? Lars Reichardt sieht das in einem Beitrag für die Süddeutsche Zeitung so: »Sie riechen nicht gut. Sie sehen auch nicht gut aus. Erst recht nicht, wenn man sie mit dem Messer öffnet. Dann blickt man in eine rote, labskausartige Masse, von der man nicht glauben kann, dass sie in Asien als Delikatesse gilt: Seegurken sind dort nur unwesentlich günstiger als Trüffeln oder Kaviar. 900 Euro pro Kilogramm kosten die Kleinen mit den großen Warzen.« Er hält sich also mit seinem Urteil etwas zurück, und man könnte meinen, dass es am Ende darauf hinausläuft: Was teuer ist, kann so schlecht nicht sein.

Richtig schlecht aber ist und wird einem Ungeübten beim Verzehr einer außergewöhnlichen Haispezialität, die es auf Island gibt. Eishaifleisch wird in Reykjavik als *hákarl* für teures Geld verkauft. Das Rezept ist denkbar einfach und die Zubereitung dauert lediglich ein halbes Jahr: Der Eishai oder Grönlandhai (*Somniosus microcephalus*), den wir schon wegen seiner extremen Langlebigkeit erwähnt haben, wird in große Teile zerlegt und anschließend in durchlöcherten Holzboxen etwa vier bis sechs Wochen ungesalzen und ungewürzt gelagert. Es ist wohl der im Fleisch von Knorpelfischen in größeren Mengen vorkommende Harnstoff, der dafür sorgt, dass die künftige Delikatesse nicht völlig vergammelt. Nach dieser ersten Lagerzeit wird der halbfertige und – für unsere Sinne – eher halbverfaulte Fisch, in kleinere Portionen zerlegt. Diese werden – wie Dörrfisch – zur weiteren Reifung über luftige Holzgestelle gelegt. Dort bleiben sie jetzt ein paar Monate, wobei sie immer wieder umgehängt werden und die Stücke von den unteren Regalen der Gestelle langsam auf die höher gelegenen wandern. Die Fleischstücke sehen jetzt tatsächlich ganz appetitlich aus, aber es ist kein Zufall, dass die Reifegestelle Hunderte Meter von menschlichen Behausungen entfernt aufgebaut sind: Man erkennt sie schon von Ferne am Geruch. Nach Ablauf der insgesamt etwa fünf bis sechs Monate dauernden Reifezeit wird der »Eishai-Schinken« in dünne Streifen oder Würfelchen geschnitten und mit Schnaps hinuntergespült. Wer nun meint, dass sich der penetrante Urin-Geruch des Fleisches in seinem Ursprungszustand zum Ende der Reifezeit verflüchtigt hat, der irrt. Es ist darum offen, ob die Begeisterung, die die Isländer dieser Spezialität entgegenbringen, dem Fleisch oder dem dazu gereichten Alkohol geschuldet ist.

Was dem Isländer sein Eishaischinken, das ist dem Asiaten seine Haifischsuppe. Diese Suppe ist hier ein Statussymbol. Sie besteht aus Knorpelstäbchen, die gekocht langen Glasnudeln ohne jeglichen Eigengeschmack ähneln. Die soziale Stellung einer Familie in asiatischen Regionen wurde traditionell daran gemessen, wie gut oder vielseitig ihr Koch Haiflossengerichte herstellen konnte, und bis heute wird Haiflossensuppe bevorzugt an Hochzeiten, zu Geburtstagsfeiern, Geschäftsanlässen oder auch am chinesischen Neujahrsfest serviert. Dabei wird der Wohlstand der Gastgeber an der Dicke der Knorpelstäbchen gemessen, die in der Suppe schwimmen. Je dicker die Knorpel, desto größer die Flosse, desto höher der Preis ...

Geltungsbedürfnis, das ist der triviale und völlig unsinnige Grund dafür, dass es diesen desaströsen Haivernichtungsfeldzug gibt, dessen Bilder die meisten kennen. Sie zeigen Berge von Haiflossen, die am Strand oder in dreckigen Hinterhöfen zu Abertausenden zum Trocknen ausgelegt und von fein gekleideten Herren mit Millionengewinnen gehandelt werden. Auch von solchen in Europa.

Gehört die Zukunft knusprigen Quallen?

Dass es in Asien recht ausgefallene kulinarische Ideen gibt, macht aber nicht nur die Unsitte, Haifischflossensuppe zu essen, deutlich. Schon seit Jahrtausenden gehören an den Küsten Asiens auch Quallen auf den Speiseplan. Und vielleicht sind die Liebhaber dieser glibbrigen Leckereien Vorreiter eines neuen Trends. Diese Nesseltiere könnten nämlich das Nahrungsmittel der Zukunft sein. Quallen wird es nach Ansicht von Experten in den Meeren auch dann noch geben, wenn die Fische in Folge der Überfischung und der Erderwärmung längst verschwunden sein werden.

Die kulinarischen Stars dürften die Wurzelmundquallen werden: Sie sind wunderschön anzuschauen, oft sehr groß und nesseln kaum. Nach dem Entfernen der Tentakel werden sie in Asien durch Salzen entwässert und dann vor der Zubereitung wieder gewässert, was alles in allem eine langwierige Prozedur ist. Die Dänen kamen darum auf die Idee, es mit Alkohol zu versuchen, was viel schneller geht. Nach dem Alkoholbad verdunstet dieser, die einst glibberige Masse erhält eine brauchbare Konsistenz, aus der dann knusprige Chips hergestellt werden. Besonders geschmacksintensiv seien sie vorerst noch nicht, geben die Forscher zu. Aber da wird sich in der Wunderwelt der Aromen schon etwas finden lassen!

Und wir werden es brauchen! Dag O. Hessen, ein 1956 geborener norwegischer Professor für Biologie und wirklicher Kenner der Klimawandeldebatte, formulierte es so: »Vielleicht werde ich im Jahr 2052 froh darüber sein, dass meine Zeit auf Erden bald vorbei sein wird. Aber beim Anblick meiner Enkel, die im Garten spielen, wird mich dieser Gedanke allein nicht trösten können.« »2052«, der neue Bericht an den Club of Rome, gehört zu den besten und realistischsten Zusammenfassungen von wissenschaftlich fundierten Zukunftsprognosen für das kommende halbe Jahrhundert, die es derzeit gibt. Er ist nach Ansicht von Rezensenten eine »Pflichtlektüre« und eine »Inspiration für alle, denen die Zukunft unseres Planeten am Herzen liegt«. Er soll uns daher auch im letzten – und dem traurigsten – Kapitel unseres Ozeanbuches begleiten.

AUSBLICK: OZEANE OHNE MENSCHEN ODER MENSCHEN OHNE OZEANE?

Dem Meer sind wir völlig egal ...
... doch das Meer kann uns nicht egal sein!

So unendlich weit wie die Horizonte
sind die Chancen und Herausforderungen,
vor denen wir stehen.

Meere und Ozeane entdecken, nutzen, schützen.
wissenschaftsjahr.de

Das Buch »2052« von Jørgen Randers bietet in seinem Schlusskapitel »20 persönliche Ratschläge« des Autors für ein besseres, nachhaltigeres und glücklicheres Leben. Ich gebe zu, dass ich diese Ratschläge zwei- oder dreimal durchlesen musste, bis ich verstanden habe, wie genial sie sind, auch wenn sie einen im ersten Moment eher befremden. Sie verblüffen Punkt für Punkt und sind doch schonungslos wahr. Gerade dadurch inspirieren sie zum Nachdenken.

Nur ein Beispiel: »Erziehen Sie Ihre Kinder nicht zu Naturliebhabern.« Die Erklärung: »Wenn Ihr Kind also das nächste Mal am Computer sitzt, Ihrer Meinung nach aber im Freien an einem Lagerfeuer sitzen sollte, sagen Sie lieber nichts. Wenn Sie Ihrem Kind beibringen, die Einsamkeit der unberührten Wildnis zu lieben, wird es etwas lieben, das es immer seltener geben wird. Sie erhöhen dadurch die Chance, dass Ihr Kind unglücklich wird, weil es das, was es sich wünscht, nicht mehr finden wird in einer Welt mit acht Milliarden Einwohnern ... Die neue Generation lernt besser von Anfang an, im pulsierenden Leben der Megastädte zu Frieden, Ruhe und Zufriedenheit zu finden und bei endloser Musikuntermalung in den Ohren.«

Und in diesem Ton geht es weiter: »Vermeiden Sie eine Vorliebe für Dinge, die bald verschwunden sein werden ... Investieren Sie in hochwertige Unterhaltungselektronik als Ersatz für die Realität ... der Fußabdruck der elektronischen Touristen wird kleiner sein, als wenn alle tatsächlich verreisten und die Tiere haben ihre Ruhe ... Wenn Ihnen die Vielfalt des Lebens am Herzen liegt, genießen Sie diese, solange Sie noch können ... Besuchen Sie die Sehenswürdigkeiten der Welt, bevor sie durch die Menschenmassen ruiniert werden ...«

So bietet »2052« tatsächlich brauchbare Antworten auf die alles entscheidende Frage aller Fragen: Was sollen wir tun? Sollten wir darauf hinarbeiten, die im Buch prognostizierte Zukunft einer stark veränderten Welt zu verhindern, was vielen hoffnungslos erscheint, oder sollen wir uns lieber auf diese veränderte Welt vorbereiten? Randers meint, wir sollten im Ersten nicht nachlassen und das Zweite tun. Was aber heißt das für die Meere?

Die verlorenen Unterwasserparadiese der Nordadria

Als ich im Alter von zehn Jahren zum ersten Mal in meinem Leben schnorchelnd und freitauchend die Unterwasserwelt der Nordadria erkundete, war es noch eine ganz andere als die, die wir heute vorfinden. An den felsigen Küsten einer der schönsten Städte an der Adria, Rovinj, setzte ich im Sommer des Jahres 1967 eine Tauchermaske auf, schnappte den Schnorchel und die Flossen und tauchte in das klare, azurblaue Wasser ab. Der Hunger trieb mich irgendwann gegen Mittag zu den Eltern zurück, um danach gleich wieder zu verschwinden und erst bei Einbruch der Dunkelheit zurückzukommen.

Die Eltern machten sich keine allzu großen Sorgen und ließen mich gewähren – wahrscheinlich erkannten sie, dass ich mein Element gefunden hatte.

20 Jahre später, als ich mit einer meeresbiologischen Exkursion – jetzt bereits wissenschaftlich von Experten der Universität Salzburg angeleitet – wieder bei Rovinj tauchte und schnorchelte, konnte ich viele der als Junge erstmals gesichteten Meeresgeschöpfe genau erkennen und auch benennen. Die Erinnerung an 1967 lief wie ein Film vor meinem geistigen Auge ab: Die erodierten, scharfkantigen Kalkfelsen waren damals dicht an dicht mit ganzen Wäldern der Braunalge *Cystoseira* bewachsen, die sich in den Wogen des Meeres sanft hin und her bewegten. Dieser Meeresdschungel steckte voller Leben. Ich entdeckte unzählige kleine Schnecken, Krebschen und jede Menge Fischbrut. Schattige Wände und kleine Höhlen waren am allerbuntesten: Dort gediehen Rotalgen, die manchmal nach der Art der Korallen stark verkalkt waren und sich fest wie ein Stein anfühlten. Zwischen allen möglichen Rot- und Grünalgen schimmerte das bunte Gelb, Rot, Blau, Braun und Orange von Schwämmen hindurch. Riesige Italienische Taschenkrebse versteckten sich an der Wasserlinie in den Felsspalten. Weiter unten – die Sicht betrug bestimmt an die 30 Meter – erstreckten sich ausgedehnte Seegraswiesen. Erst als Biologe erfuhr ich, dass dies die grüne Lunge des Mittelmeeres war, das geradezu legendäre Neptungras (*Posidonia oceanica*). Wie auch die Braunalge *Cystoseira* eine Oase des Lebens. Beide sind die Kinderstuben des Mediterrans. Erst unter einer Lupe oder dem Mikroskop werden die Myriaden ihrer kleinen Bewohner sichtbar, die die Basis von Nahrungsnetzen und den Kreisläufen des Lebens bilden.

Fischschwärme, wie ich sie aus den Filmen von Hans Hass und Jacques Cousteau kannte, zogen an mir vorbei. Zu Hunderten zupften die Goldstriemen (eine Art Meerbrasse) an den Algen und Seegrasblättern. Offenbar bestanden die einzelnen Schwärme aus jeweils gleichaltrigen Fischen, denn in manchen Verbänden waren sie fast bis zu einem halben Meter lang, in anderen nur ein Fünftel davon. Wunderschön leuchtende, goldfarbene Längsstreifen schmückten ihren hellgrünlichen Körper. Der Höhepunkt meines Meeresabenteuers war ein etwa ein Meter langer Katzenhai, der leicht gekrümmt neben der Seegraswiese auf dem Sandgrund zwischen all den Seegurken und Seesternen lag.

20 Jahre später hatte sich alles verändert: Der felsige Küstenlebensraum, das Felslitoral, wie Biologen ihn nennen, glich einer Kalksteinwüste. Vom dichten *Cystoseira*-Algenwald fehlte jede Spur. Dafür bevölkerten Tausende Seeigel die kahlen Felsen – sie weideten mit ihrem besonderen Zahnapparat, der Laterne des Aristoteles, den Untergrund ab. Das Neptungras in der Bucht war ebenso weg wie die imposanten Schwärme der Goldstriemen.

Seit jenem meeresbiologischen Kurs in Rovinj sind erneut 30 Jahre vergangen, und heute versuche ich im Institut unseres Meeresschutzvereins MareMundi auf Krk an der Nordadria Schülern die Begeisterung für das Meer und seinen Schutz zu vermitteln. Nach einem Schnorchelgang kommen sie manchmal entmutigt zurück, und sie berichten etwas enttäuscht, dass bis auf Steine nicht mehr so viel zu sehen ist. Ich kann in so einem Augenblick nur versuchen, mein Bedauern darüber nicht allzu pessimistisch erscheinen zu lassen und das positiv hervorzuheben, was wir im Meeresschutz bereits erreicht haben.

Für manche Probleme ließe sich einfach Abhilfe schaffen

Aber kann der Prozess der Verarmung der Lebensräume und der Verlust der Artenvielfalt gestoppt werden, damit das Revier meiner Kindheit, die Nordadria, wieder zum Leben erwacht? Ist das Meer unwiederbringlich verloren oder können wir bestimmte Entwicklungen wieder in eine bessere Richtung lenken? Ja, man kann. Und zwar einfacher, als man denken würde. Es kostet ... nun ja, es kostet so gut wie nichts!

Quer durch das Mittelmeer habe ich Meeresschutzgebiete betaucht und dokumentiert – und nicht schlecht gestaunt. Je älter ein solcher Meerespark ist, desto ähnlicher wird er den ursprünglichen Verhältnissen. Dann sind sie wieder da, all die verschiedenen Meerbrassen, deren Maximalgrößen man zwischenzeitlich längst vergessen hat, weil man nur noch Winzlinge kennt. Doch nicht nur die einzelnen Fische beeindrucken, sondern auch die Größe der Schwärme. In der Wassersäule drehen Barrakudas ihre Kreise, unten kommen zutrauliche Zackenbarsche (von Tauchern liebevoll Zackis genannt) herangeschwommen, mit einem Meter Länge oder mehr richtig dicke »Brummer«. Die Felsen sind von einer unglaublichen, bunten Vielfalt von grünen, roten und braunen Algen bewachsen, und das Neptungras wächst und gedeiht auf jedem Quadratmeter und schiebt viele Hunderte bis zu einem Meter lange Blätter dem Sonnenlicht entgegen, um täglich viele Liter Sauerstoff zu produzieren.

Das Wunder der marin-maritimen Regeneration können wir im Mediterran nirgendwo intensiver erleben als rund um *Port-Cros*, einer der Îles d'Hyères, der Hyèrischen Inseln, nur wenige Kilometer vor der Côte d'Azur an der südfranzösischen Küste. Anfang der 1920er-Jahre drohte hier die Schönheit der Natur dem ausufernden Tourismus zum Opfer zu fallen. Die Eigentümerfamilie überschrieb daraufhin die Insel dem französischen Staat – mit der Auflage, hier für alle Zeiten einen Nationalpark zu schaffen. Port-Cros wurde der erste Nationalpark Europas, der terrestrische und maritime Bereiche unter einem Dach vereinte, 700 Hektar Land und fast 1.300 Hektar umliegende Wasserflächen. 1971 kamen weitere 1.000 Hektar der Nachbarinsel Porquerolles dazu. Mit Argusaugen achtet die Nationalparkverwaltung auf die Einhaltung der strengen Regeln, die hier gelten. Und so kann sich der Wald seit mehr als 100 Jahren ungestört entwickeln. 530 einheimische Pflanzenarten gedeihen hier, worüber sich 114 verschiedene Vogelarten freuen. Seltene Echsen, Geckos und auch Lurche huschen durch die Landschaft. Das Mittelmeer gluckst an den über und unter Wasser bewachsenen Klippen ein zufriedenes Dankeschön. Und jenen glücklichen Tauchern, die hier Poseidons Reich betreten dürfen, treibt es Tränen in die Augen, denn die Jüngeren unter ihnen haben Vergleichbares noch nie gesehen, die Ältesten hingegen vielleicht vor 50 Jahren – und dann nie wieder.

Und obwohl der mehr als 10.000 Hektar große Nationalpark Archipiélago de Cabrera südlich von Mallorca, von dem 8.700 Hektar im Meer liegen, erst 1991 eingerichtet wurde und damit viel jünger ist als Port-Cros, verblüfft auch dieser mit einer wunderschönen mediterranen Unterwasserwelt. In wenigen Jahren schon kam das Leben zurück. Es braucht keine aufwändigen Studien, um das Meer zu renaturieren, keine Millionenprojekte, sondern meistens nur etwas politische Arbeit, organisatorischen Aufwand und anschließend Aufsicht. Die eigentliche Aufgabe übernimmt das Meer selbst und das allerbeste Gestaltungskonzept ist: Man lässt ein solches Gebiet einfach in Ruhe. Das war's. Man überlässt es sich selbst. Die meisten Meeresbewohner vermehren sich über frei schwimmende Fortpflanzungsstadien (also Larven) und kommen einfach zurück. Die Fischbestände erholen sich in wenigen Jahren. Nach ein oder zwei Jahrzehnten finden wir unter Wasser bereits ein wiederhergestelltes Paradies vor.

Utopien? Wir brauchen mehr visionär denkende Menschen!

»Kommt es mit dem Beginn des dritten Jahrtausends zu einer Wiedergeburt visionär denkender Menschen, die das entleerte Prinzip Hoffnung von neuem mit Ideen füllen, die weit in die Zukunft reichen?«, fragt der Liechtensteiner Philosoph und Psychologe Manfred Schlapp und meint: »Es wäre an der Zeit! Wie schön wäre es etwa, wenn das Römische Reich ... als ein Kulturraum wiedergeboren würde, in dem sich die Mittelmeerländer in Frieden und Wohlstand vereint sähen.«

Einst hat es mehr Utopisten gegeben, hält Schlapp fest: »Das 20. Jahrhundert aber nahm Schritt für Schritt Abschied von den Utopisten. Desillusioniert von mörderischen Kriegen und belehrt von bitteren Erfahrungen wollte man von utopischen Entwürfen nichts mehr wissen. Der Kurzzeit-orientierte Pragmatiker hatte den Visionär verdrängt.« Vielleicht sollten wir uns wieder auf die Utopie besinnen. Aber wir sollten es tun mit dem guten alten Immanuel Kant im Ohr: »Hört endlich auf, den Ozean der Metaphysik zu befahren, jene trügerische See, wo ihr nur Schiffbruch erleiden könnt, und wendet euch mit all eurer Kraft der Insel zu, auf der ihr lebt! Hier, auf der Insel der real existierenden Welt, herrschen Not und Elend; hier gibt es viel zu tun!« Kant rief uns zur Um- und Neugestaltung der Welt mithilfe der reinen

Vernunft (= Wissenschaft) und mithilfe der praktischen Vernunft auf. Wir sollten diesem Aufruf folgen und dabei einen Ratschlag von Jørgen Randers beherzigen: »Tun Sie mehr, als Sie müssen. So vermeiden Sie später ein schlechtes Gewissen.«

DANKSAGUNG

Wie alle Bücher, konnte auch dieses nur entstehen, weil viele Menschen dabei geholfen haben. Zu allererst möchte ich meinem Lektor, Diedrich Steen, und allen anderen beteiligten Mitarbeitern des Gütersloher Verlagshauses für die ausgezeichnete und professionelle Kooperation danken! Schon davor bahnte die Agentur Arrowsmith den Weg für die Produktion dieses Buches an, danke! Und am Anfang dieser Kette standen – noch bevor es geschrieben wurde – meine Freunde (und Bücherfreunde) Michael Korth und Ing. Gerald Blaich aus dem Waldviertel (Niederösterreich).

Die »Ozeane« habe ich meinen Freunden von der Meeresschutzorganisation MareMundi (mare-mundi.eu) gewidmet, nicht zuletzt Wolfgang Angerer aus Innsbruck, der die Arbeit unserer NGO für Forschung, Bildung und Schutz seit Jahren in einem wesentlichen Ausmaß unterstützt. Dr. Johanna Üblagger (Salzburg), Ingrid Meemken (Berlin) und weitere Freunde lieferten wertvolle Korrekturvorschläge, danke dafür! Helmut Wipplinger vermittelte mir durch sein Medienecho zu Themen des Ozeans schier endlos viel Inspiration. Und mein Neffe Peter Janoviček sorgt dafür, dass in meinem Büro alles reibungslos klappt, und wenn einmal nicht alles funktioniert, ist es meine eigene Schuld …

Wie immer bei meinen zahlreichen Buchprojekten soll meine Frau Maruška dankend Erwähnung finden. Denn erst, wenn alles rund herum läuft, kann sich der Autor unbeschwert seiner Arbeit widmen. Ich bekomme diese wunderbaren Arbeitsbedingungen seit Jahrzehnten als Bonus geschenkt, ganz und gar keine Selbstverständlichkeit. Danke recht herzlich!

Der Ozean selbst soll aber in diesem Buch im Mittelpunkt bleiben: Ohne ihn gäbe es kein Leben auf unserem Planeten. Ohne ihn gäbe es nur einen Bruchteil all der Wunder, die uns umgeben. Ohne ihn fehlte uns die Romantik und der Schrecken einer unfassbaren Urgewalt. Dem Ozean verdanken wir alles. Mit diesem Buch wollte ich meine Leser dazu motivieren, mehr für seinen Schutz zu tun. Dank also an dieser Stelle an alle künftigen Meeresschützer und alle, die einen (auch noch so klein erscheinenden) Beitrag zu seiner Erhaltung liefern! Tun Sie mehr, als sie müssen, so vermeiden Sie später ein schlechtes Gewissen!